中华经典藏书

围炉夜话

张德建　译注

中华书局

图书在版编目（CIP）数据

围炉夜话/张德建译注. —北京:中华书局,2016.3
(2025.5 重印)
（中华经典藏书）
ISBN 978-7-101-11571-0

Ⅰ.围… Ⅱ.张… Ⅲ.①个人修养-中国-清代②《围炉夜话》-译文③《围炉夜话》-注释 Ⅳ.B825

中国版本图书馆 CIP 数据核字（2016）第 032815 号

书　　名	围炉夜话
译 注 者	张德建
丛 书 名	中华经典藏书
责任编辑	刘树林
装帧设计	毛　淳
责任印制	管　斌
出版发行	中华书局
	（北京市丰台区太平桥西里 38 号　100073）
	http://www.zhbc.com.cn
	E-mail:zhbc@zhbc.com.cn
印　　刷	北京中科印刷有限公司
版　　次	2016 年 3 月第 1 版
	2025 年 5 月第 14 次印刷
规　　格	开本/880×1230 毫米　1/32
	印张 8¾　插页 2　字数 150 千字
印　　数	178001-184000 册
国际书号	ISBN 978-7-101-11571-0
定　　价	20.00 元

前　言

一、作者生平及本书定位

本书作者王永彬一直不为人所知，所以之前出版此书时都只含糊地说他是清咸丰时人，生平不详。这其实是根据书前序尾所署"咸丰甲寅二月既望王永彬书于桥西馆之一经堂"一句推测出来的。王洪强、周国林发表在《文献》2012年第1期上的《族谱中关于〈围炉夜话〉作者王永彬的资料考述》详尽地解决了这个问题，现根据文章整理介绍如下：

王永彬，字润芳，号宜山，人多称宜山先生。祖先于唐代从婺源迁至江西南康府，宋代居于饶州府乐平县，明洪武间迁武昌府咸宁县，乾隆间迁荆州府枝江县城西十五里石门村。据《宗谱》所载《墓志》、《传记》、《寿序》可知王永彬少时入私塾读书，因仲兄去世，父令辍学谋生，他跪求修完学业，终得入县学读书，为廪生。光绪《荆州府志》载为贡生，盖"晚始以明经贡于乡"。《宗谱》中《两学详文》载："由廪生以道光廿三年以恩贡就教职，在籍候选教授终身，寿终正寝。"所谓候选终身，即从未就实职，只是有个候选名号。王永彬好读书，至晚年仍"卷不去手"，于经史子集，皆"导源溯流，探究服膺，矻矻不倦"，"于学无不通，旁涉仓、扁及数术家言"。以授徒为生，其授徒"先躬行，后文艺"，"兼励文行，不专尚举子业，凡问业者，咸修饬谨度品概与词艺兼营并进"。王永彬好吟咏，与周梦溪、罗梦生、李月亭结诗社，与周、罗并称"吟坛三友"。

王永彬勤于著述，光绪《荆州府志》记"著有《帝统年表》、《围炉夜话》、《格言集句》，两次修县志"。据王洪强、周国林据资料所补已刻的还有《孝经衬解》、《襖帖楹联》、《六书音义辨》，未刻的有《讲学录》、《说古韵言》、《桥西馆诗文》。现国家图书馆藏有《桥西山馆杂著》八种，除《围炉夜话》外，分别为《音义辨略》、《六书辨略》、《襖帖集字楹联》、《朱子治家格言》、《先正格言集句》、《历代帝统年表》、《孝经衬解》各一卷。他是一位乡间读书人，长期以教授生徒为业，交游不广，所见不深，故这些著述都是普及型的。这也是乡间读书人的常态，他所致力的是通过教育来塑造学生，并在可能的情况下参与一些地方事务，如积极参加当地的救灾、防乱、修志等。太平天国运动期间，被推举为邑西乡团总公训。作为一名乡绅，他最关注的是乡村道德伦理建设，并身体力行，将道德、修身、读书、安贫乐道、教子、忠孝、勤俭理念灌输到社会。而最直接和简单可行的办法是编辑书籍，这类书籍多是格言式的，如他所编除《围炉夜话》外，还有《朱子治家格言》、《先正格言集句》二种，《宗谱》中还有《丈夫诗》、《警心篇》、《弟子八箴》、《醒世歌》等，都属于格言式劝诫。如《弟子八箴》从孝、悌、谨、信、爱众、亲仁、力行、学文八个方面阐释受业规范。《醒世歌》则是以俚语俗言写成的劝世歌谣。《围炉夜话》是他所有格言式著述中最流行的一个。

这部小书近年来已有多家出版社出版，且往往与陈继儒《小窗幽记》、洪应明《菜根谭》同刻，并称"处世三大奇书"。《小窗幽记》是名士式的超脱，《菜根谭》是哲理式的表述，《围炉夜话》专讲立身处世，从某种意义上可称"处世奇书"。本书细致地讲述立身处世之理，有其普及意义，但人们对这部书的推崇似乎有点过头了，我们先看一下崇文书局版的网络宣传，内容简介里是这样写的：

　　　王永彬身处风雨飘摇的晚清，面对世风日下、道德沦丧的时局，他以对现实洞若观火的烛照，疾呼政治改良与道德重建，探求修补世道人心的途径，力求用自己的心灵之光照映出一条走出精神困境的道路。《围炉夜话》不以严密的思辨见长，而是以简短精粹的格言取胜，三言两语，却蕴含着深刻的人生哲理，不但使自己清醒，也能使别人警醒。

且不论"风雨飘摇的晚清"对王永彬有什么具体影响，而说他对"时局"有"洞若观火的烛照"却是拔高之论，应该说他只是以非常传统的道德眼光去看待社会。他对整个"时局"缺乏全新的、深刻的认识，书中全然没有任何新知识、新观念的介入，是不可能掌握整个"时局"的。同时，书中没有任何关于政治改良的主张，他所说的一切都是在传统伦理道德层面上展开的，其价值仅在于补救世道人心。但历史证明，道德是传统社会的基石，是儒家思想进入并塑造现实的一个基本途径，而道德能否救世，却是一个十分复杂的问题。王夫之就说过："风教之兴废，天下有道，则上司之；天下无道，则下存之。下亟去之而不存，而后风教永亡于天下。"（《读通鉴论》卷十七梁武帝条）在相对清明的时代，道德建设起到了非常重要的作用，是种种合力共同作用的结果。在末世、乱世，道德重建的努力是古代士大夫所致力追求的，但在政治体制僵化、贪腐盛行的社会中，道德重建从来没有取得过好的结果。本书实际上就是下层知识分子通过普及的方式为维护和重建社会伦理所做的一次努力，但对于其作用不可过分夸大，不可一味赞美。

本书多从道德伦理层面进行格言式的表述，其根本依据是理学思想，主要是意识形态化后的、尤其是世俗化理学思想。但从学理上看，道德和伦理不一样，道德是理学思想的基本概念，是涵括了思想和哲学而产生的一组概念群，包括属于哲学层面的本体论、属于社会层面的道德规范和个体人格培养的修身论。客观地说，作者对理学还是有相当深的了解的，一些概念、术语的使用有相当的深度，但这是那个时代读书人的基本认识，大多数人都具有，没有太多的创造性理解。当然，格言体的表述方式也不允许他有较深的阐释。这里没有高下之分，这正是经典思想体系转化为适应世俗生活的价值规范时的必然产物。伦理则是社会道德和个体修养层面下的社会实践准则。总体而言，本书只是伦理层面上的表述，包括社会伦理和个人修养的阐释，我们不能过度深求其微言大义。崇文书局版《围炉夜话》网络宣传中还列有一个目录，为了讨论方便，简要引述如下：

教子弟正大光明　检身心忧勤惕厉

交游应学其所长　读书要身体力行

俭以济贫　勤以补拙

说平实妥帖话　做安分守己人

处事要代人作想　读书须切己用功

信为立身之本　恕是接物之要

不因多言而杀身　勿以积财而丧命

严可平躁　敬以化邪

善谋生不必富家　善处事不必利己

名利不可贪　学业在德行

君子力挽江河　名士光争日月

心正神明见　人生无安逸

人心足恃　天道循环

有才必韬藏　为学无间断

积善之家有余庆　不善之家有余殃

德行教子弟　钱财莫累身

读书无论资性　立身不嫌家贫

乡愿假面孔　鄙夫俗心肠

精明败家声　朴实培元气

明辨是非　不忘廉耻

忠孝不可愚　仁义须打假

权势烟云过眼　奸邪平地生波

富贵不着眼里　忠孝常记心头

物命可惜　人心可回

做事要问心无愧　创业需量力而行

敦伦者即物穷理　为士者顾名思义

守身思父母　创业虑子孙

放开眼孔读书　立定脚跟做人

　　……

　　从上引目录上看，本书内容全是教人如何处世立命，如何安身立业的。湖北辞书出版社所出《围炉夜话》介绍此书：以"安身立业"为总话题，分别从道德、修身、读书、安贫乐道、教子、忠孝、勤俭等多个方面，揭示了"立德、立功、立言"皆以"立业"为本的深刻道理。相比之下，这个表述是比较准确的，但也在内容简介中用了前引的那段话来评价本书，与这里说的矛盾。

　　又，说本书"力求用自己的心灵之光照映出一条走出精神困境的道路"，这也是一种不清晰的甚至是错误的表述，突出伦理，强调伦理的社会功能是无法帮助人走出"精神困境"的。因为伦理道德本身是为了规范现实社会的复杂关系而建立的，不同时代有不同时代的伦理道德，由于中国文化的道德属性，伦理道德被上升到非常重要的层面，甚至上升到本体层面，但就社会和个体道德层面而言，伦理道德根本无法上升到超越境界，解决什么"精神困境"，精神困境的解决只有在超越层面才是可能的，本书恰恰没有谈精神超越，没有提供解决精神困境的处方。

二、本书创作的理论背景：处世方式的伦理意义

　　我们常说人是社会动物，即是说人从一出生就处在无所不

在的社会关系中，从咿呀学语至蹒跚学步，从入学识字到学习经典，从成年入世到经历风霜，一直到晚年休致在家，我们总是处在各种复杂的社会关系之中，包括血缘亲情、同宗同族、同里乡邻、朋友伙伴、同学同门、师长上级、同事同僚等种种关系。还有无形却又无处不在的等级、阶层甚至阶级关系。在社会群体中，人们需要遵循一种秩序，按照一套价值观生活，这套价值观既是一种思想形态，更是一套交往规则。为什么人们会接受这套规则而不是那套呢？应该说这是社会选择的结果，也就是说在传统社会中人们经过长期的实践，选择了能够维持社会稳定和谐的儒家伦理，并培养出了普遍认同儒家伦理价值、尊重建立在其上的秩序和规则的话语系统，从上到下，从学人、官员到百姓都表现出强烈的维持秩序的意愿。

早期阶段除了知识性学习之外，主要是学习、熟习并掌握基本的人际相处规则，一般而言，从学习礼俗开始，就要学会孝、悌、信、义、诚等基本准则，养成自我克制的能力，懂得勤劳为生存之本的道理，讲求勤俭持家，为入世做准备。人从出生开始就进入到一个关系网络之中，先是以血缘关系形成的家庭关系，再扩展为家族关系、邻里关系，到进入社会，便进入一个陌生的环境中，形成同事、朋友、上下等种种关系。根据陈来的研究（《蒙学与世俗儒家伦理》），中国古代的童蒙教育最为重视孝悌与善恶、克制与约束、勤俭与惜时、功利与成就四大方面，现据以综述如下：

早期的家庭关系是一种自然关系，但在中国古人看来，这是奠定一个伦理价值的关键时期，以孝为中心建立起最基本的伦理规范。孝是中国伦理的核心，《三字经》开首便说"人之初，性本善"，把向善的思想扎根在心之中，接下来便是"首孝悌，次见闻"。清人李毓秀《弟子规》第一说："首孝悌，次谨信；泛爱众，而亲仁。"孝悌体现在日常行为中，有很多具体规范，如："父母呼，应勿缓；父母命，行勿懒。父母教，须敬听；父母责，须顺承。""长者立，幼勿坐；长者坐，命乃坐。尊长前，声要低；低不闻，却非宜。进必趋，退必迟；问起对，视勿移。"由孝悌进而就可以了解人伦秩序，《三字经》："父子恩，夫妇从；兄则友，弟则恭。长幼序，友与朋；君则敬，臣则忠。"这已经超越家庭伦理之外了，而处理这些关系，在中国古代教育中最强调向善弃恶的价值取向，个人要讲求进德和修身，如"见人善，即思齐；纵去远，以渐跻。见人恶，即内省；有则改，无加警"（《弟子规》）。同时，也把善恶的结果讲出来，以儆效尤："善有善报，恶有恶报，不是不报，日子未到。"（《增广贤文》）"积善之家必有余庆，积恶之家必有余殃。"（《名贤集》）讲信用，反对诈伪和虚妄不实，讲"君子爱财，取之有道"（《增广贤文》）。童蒙阶段十分重视习惯养成和气质培养，这其中最突出的是养成个人对行为与意志的自我约束和自我克制能力，举凡着衣、坐卧、行走、饮食、洒扫无不严格要求。在中国人的社会中，人们最瞧不上"没规矩"的孩子，就是因为这样的孩子在"没规矩"的表现下，实质上是没有自我约束和克制能力，而这影响了正常伦理道德的接受和养成，逐渐成为一个"没教养"的孩子。这种克制能力对培养一个人的遵循社会伦理规范、克制自我私欲的膨胀十分重要，只有经过严格的训练，经由习惯的养成才能在入世后有克服欲望引诱的可能，才能做一个符合伦理要求的人，也才有可能成就大事业。勤劳吃苦是一种中国文化中最为重视的优秀品质，这种品质体现在学习、生活、工作三个方面，它可以造就一个人受益终身的入世能力。清人《重订训学良规》云："子弟宜令习勤，以早到书塾为第一义。晏起者必严儆之，勿使习惯，尤在为师者，以身先之。倘生徒俱到，师犹高卧未起，则虽令不行矣。洗砚磨墨，拂理书籍几案，虽富贵家，宜令亲自料理。不独自幼整饬，长大无乱头粗服之弊，习于勤劳，亦致寿之道也。"这是讲在学习过程中养成勤劳习惯。还讲勤于职业的品质，如吕得胜《小儿语》就说："既做生人，便有生理，个个安闲，谁养活你。世间生艺，要会一件，有时贫困，救你患难。饱食足衣，乱说闲耍，终日昏昏，不如牛马。"话说得非常通俗明白，是人生存第一要务。李惺《老学究语》："日图佚乐，定不快活；能耐劳苦，别无痛楚。日出而作，日入而息；第一等人，自食其力。懒人懒病，无药可医；不瘫不痪，惰其四肢。身有所属，心有所系；若无执业，何所不至。"经过这种训练和培养，一个人就具备了进入现实世俗社会的基本条件。在世俗化的儒家文化中，成功的追求甚至高于道德的要求，影响到了社会的各个层面，在蒙学教育中也是经常加以强调的。

人由个体而进入群体并生活在一起，形成复杂的人际关系网络，是一种再自然不过的事。对一个人来说，从幼年、少年到青年，然后进入社会，虽然经过早期教育，但面对复杂的社会人事网络，仍然需要面对变化，学会适应，成熟应世。一个人一旦入世，就必须与人接触，就会产生种种社会关系。此时，早年学习的礼法规范就进入实践阶段，还要面临种种新的变化，因为礼法规范并不总是理想化的，总有逸出、背离相应规范的现象和人事，要在坚守原则的基础上学会判断、应对、处理。有的人善于处理社会关系，但坚守原则，不免处处碰壁；有的人善于变通，但不免无原则，却也能处处逢源；也有的人独来独往，可能幸而成功，但大多数四处碰壁，不免牢骚满腹。在儒家看来，最好的处世方式是遵循合于道的伦理规范，既善于观察、研判形势、人事，坚守原则，又善于变通，随机应变。人的社会关系有三重意义：一是生存意义，二是功利意义，三是伦理意义。首先，人要生存就必须学会处理各种社会关系，完全离弃社会是无法生存的。这往往表现在日常生活中，一举一动都要与他人发生关系。必须学会遇不同之人之事，有不同的应对方法。其次，所有人进入社会都希望获得除基本权利之外的好处，来提升自己的生活质量，获取更好声名，提高社会地位，而这些功利目的也只能在社会关系中得到。最后，伦理意义的获得是对前二者的提升，也能使人在处理各种社会关系时更具有道德理性，受到社会伦理的规范和限制，而如果能够自觉遵从既有的社会伦理，则无形中有助于社会的和谐平稳，起到积极的作用。这三重意义决定了人必须了解社会，学会更好地融入社会，处理好各种人际关系，才能在社会立足。

中国社会非常复杂，从理论上讲是一回事，从现实中看又是另一回事，思想设计与现实生活的脱节使得社会关系益加复杂。不过，这仍属正常现象。比较特殊的是另一个方面，中国社会从性质来看是伦理型的，但在现实中政治往往发挥重要作用，于是人事关系成为政治的附生物，从而构成伦理与政治的混杂。梁启超曾说："要而论之，儒家之言政治，其唯一目的与唯一手段，不外将国民人格提高。以目的言，则政治即道德，道德即政治。以手段言，则政治即教育，教育即政治。"（《先秦政治思想史》）儒家一直强调教化的作用，教化是上以风化下，首先要上正，树立典范，才能教化人民。《大戴礼记·主言》记载孔子说的一段话："上敬老则下益孝，上顺齿则下益悌，上乐施则下益谅，上亲贤则下择友，上好德则下不隐，上恶贪则下耻争，上强果则下廉耻。民皆有别则政亦不劳矣。此谓七教。七教者，治民之本也，教定则本正矣。上者，民之表也，表正则何物不正。"只有在上者正，才能更好地教化百姓。但现实中却往往是只要求百姓，而放纵自己，贪婪腐化，所以道德混乱，造成政治与伦理的脱节。思想与现实的脱离、伦理与政治的混杂使得一个人进入社会并适应社会的过程变得异常艰难。人又很难脱离现实社会，一个人当然可以依凭个人意志，选择遗世独立，成为一个隐士，这些复杂的人事关系自然与他无关，但这样的人实际上少之又少，并且从未成为社会价值的主流。不仅社会价值的主流是积极入世，而且有着强大的思想力量做支撑，儒家一向倡导积极入世，介入世俗，并致力于改造社会。一个人一旦进入社会便自然会形成各种人事关系，形成各种关系网络，中国社会正是在这个基础上，以儒家思想为主导，结合道家、佛教以及其他种种民间信仰形成了礼制礼法社会。这样本来自然形成的关系开始受到礼法的规范，礼法通过各种方式渗入到现实生活层面之中，表现为礼俗、民约、民风，既包含自然形成的社会关系，也在礼法的影响之下。因此，本书所宣讲的内容即包括人在群体中的自然伦理，是人在处理个人与群体关系时都要面对的，具有普遍性，甚至可以说具有普世性，因而本书的很多言说都仍有积极的现实意义。但还要看到另一面，即本书的言说是在儒学思想、具体说是理学思想基础上结合各种思想资源形成的礼法规则下谈论道德伦理，既具有改造、建设和谐社会的美好愿望，也表现出很多消极的思想，突出表现为乡愿式的明哲保身，实际消解了儒学思想的积极意义，将人事关系变成一种以利益为纽带，充满机心，处处算计的扭曲关系。再加之前面说的政治的介入，造成了人际关系的普遍扭曲，这使我们在看待中国人的处世哲学时要保持清醒的态度，否则便会或陷入全面否定，或陷入过度肯定的极端之中。

三、本书内容及评介

中国历史悠久，各时代的人都非常重视处世经验的总结，从圣贤经典中寻找支持，从历代人物、事件中寻求例证，从现实生活中得到验证，并且常常把这类经验汇辑成册，以教育训诫子弟。这类作品包括童蒙读物、家训、格言甚至一些应用型书籍，如生活百科类图书和尺牍应用类书籍，本书就是以格言形式写成的。陈来认为："世俗儒家伦理与精英儒家伦理不同，它主要不是通过儒学思想家的著述去陈述它，而是由中下层儒者制定的童蒙读物形成的，并发生影响。"（《蒙学与世俗儒家伦理》）这些读物中有对世俗生活的深切感知认识而形成的价值判断，但并非总是简单地认同现实，毋宁说他们总是抱着儒家伦理不放，以此为原则去教育子弟。

本书的内容十分丰富，涉及教育、成长、立志、入世、谋生、成事的人生各个方面，在儒家所讲仁、义、礼、智、信，以及在此基础上形成的八德——孝、悌、忠、信、礼、义、廉、耻的基础上宣讲伦理道德，指导如何处理种种关系。书中讲如何培育子弟以正确的态度学习、生活、交往，学会明辨是非，注意自己的一言一行，要慎言谨行，不要随意评人长短。要学会正确对待个人欲望，去除粗鄙浮躁之心，培育勤俭、吃苦的品性和积极向上的精神，立大志，成大事；既有高远追求，又能从眼前做起，既追求功名利禄，又能淡泊处世。对待生活要学会处贫处富，贫而不谄，富而不骄。对人要宽和，对己要严格。要学会交友，不交小人恶人，对待朋友要真诚，要学他人的好处。处事谨慎平正，不要偏激，不要有私心。对君子要真诚，对小人要尽量远离，小心对待。要尽全部心于所做之事，学习要专心，工作要尽职尽力。如此等等，此处不再一一举例。

这些丰富的内容表面看起来不免冗杂，且内容经过不同的组合，因而多有重复，但我们可以将其归纳为五个方面：孝悌善恶、天道果报、克制私欲、勤苦节俭、功业成就。孝悌是根本，由此引申出符合儒家伦理的种种要求，如仁、义、礼、智、信或孝、悌、忠、信、礼、义、廉、耻，以此便可以区分善恶，要扬善弃恶，并由此形成宽厚和平的心态。天道是儒学的，果报或报应是佛教的，二者在世俗智慧中毫无冲突地结合在一起，实质上就是要使人有所敬畏，畏天命，畏报应，使行为、思想有所收敛。天道即人心，天道好还，人心可恃。果报则将人的行为与结果放在一起观察，使人意识到其间的因果关系，从而有所戒惧。这是中国文化的特征，不能简单归结为迷信。克制私欲是儒学思想的中心，思想家有非常深刻的论述，这里所讲是所谓"世俗智慧"，简单地说就是通过严格要求，规范、限制个体心理和精神，使之不陷于沉溺、放纵。儒家从不否认个人欲望，只是要求将这种欲望控制在合理的范围里，这是有积极意义的。勤苦节俭是传统美德，勤苦多针对个体品质而言，一个人要抱有积极的生活态度，有克服困难和忍受困苦的能力，只有勤苦二字可以锻炼人，把人培养成一个勤劳向上，刻苦努力的人。同时，讲勤苦也具有克制人欲的作用。节俭包括三方面的意义，一是生活意义上的，所谓珍惜物力，在物质相对匮乏的时代具有现实意义；二是个体意义的，只有在这种品德之下，人才能在各种情况下控制自我，这是更重要的；三是伦理意义上的，社会的总体财富是有限的，部分人的浪费是对整体的破坏。因此，这一类所讲重要的是第二、三点，也就是说不论时代贫富都要讲勤苦节俭。中国的入世哲学是讲功利的，道德哲学讲利欲之辨也并不是要否定私欲，而是要把它控制在合理的范围内。个人当然也要讲功业，一个人要有谋生手段，要选择一份职业，都属于功业范畴。更高追求是要有所成就，在一定领域成为杰出人才。儒家义利观和世俗功业观相结合，讲求功业成就成为普遍的社会追求，个体当然不能例外。可以说，全文正是在这种基本要求下设计个体如何处理各种社会关系的。

这类格言往往从经验的总结出发，表现出一种世俗智慧。因而，这种世俗智慧就决非经典意义上的圣贤智慧，而融入了各种基于自身利益的自保心态、为求得成功而不惜违背原则的非道德之举、此亦一是非彼亦一是非的无原则的乡愿心理。于是，就形成了一种特殊的现象，即处世之道变成了处世手段，道可变通，手段无穷，且可以变成讲求机心，通过种种手段甚至是非理的手段获得成功。这种行为在整个社会起到示范作用，逐渐浸入社会肌体，无形中对现实社会产生巨大的影响，从而消解了儒家道德伦理建构和谐社会的正面作用。这是我们在读此书时应当时刻保持警惕的一个重要原因。一位学者在网络上批评时下流行的"心灵鸡汤"时说：心灵鸡汤的配方，通常是具有哲理的语录、催人上进的好人好事、抒情的文风和道德的自我感动。只有语录不够生动，只有好人好事又不够深刻，语录相当于鸡骨，再加一些好人好事，这是鸡肉，有骨有肉才好吃耐嚼。再撒上抒情的盐和道德的味精，最后贴上经典读解的商标，每天睡前服用一剂，就是老少咸宜的心灵鸡汤。时移势转，《围炉夜话》似乎也正在变成"心灵鸡汤"式的经典读物，于是，我们也同样得小心不要让"心灵鸡汤"把我们喂得太幸福，因为一些有意无意的误读可能会将我们引向"道德的自我感动"，失去了批判欲念之后，会不自觉地将一些负面的价值观和乡愿哲学的处世方式融入到生活和从政之中，所以需要非常小心。

中国文章体式除了骈散分途之外，还存在着另一个突出现象，即篇章与笔记分途。篇章表示完整写作的观念，即一篇文章要是一个整体，是一种观念、思想、情感的完整表达，一个事件的完整叙述，一个人的完整描述。笔记则以执笔记叙为特征，是一种随意自然的书写方式，它有助于打破篇章的限制，可以自由表达思想、情感，可以简要描述事件、人物。笔记之文的起源也非常早，如先秦时期的"君子曰"，如先秦时期就有语类文献。"语"是"一种古老的教材和文类，是古人知识、经验的结晶和为人处世的准则"（余志慧《语：一种古老的文类和教材》）。自宋以来，笔记非常流行，其类型十分丰富，可以分为学术、史料、诗话、杂感等。笔记语体也非常自由，可以是散文式的，可以是骈偶式的，也可以是两者的结合。本书就是一部专讲处世之道的由杂感而生成的格言体笔记，它是骈散结合的，整段为散文，内部往往由骈偶式句子构成。整齐之中寓随意自然，自然之中又有整饬之美，读起来朗朗上口，易于记忆，虽不如《小窗幽记》之飘逸、《菜根谭》之自然，仍自有其特殊趣味，值得仔细体味。

张德建

2016 年 2 月

目　录

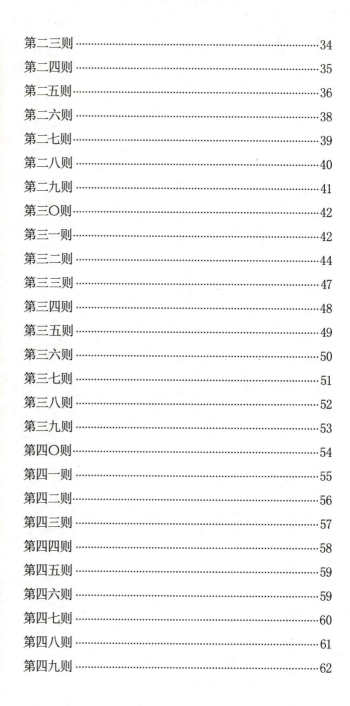

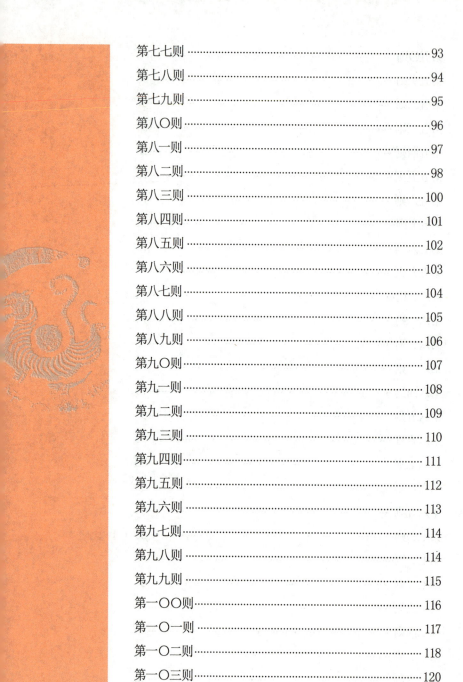

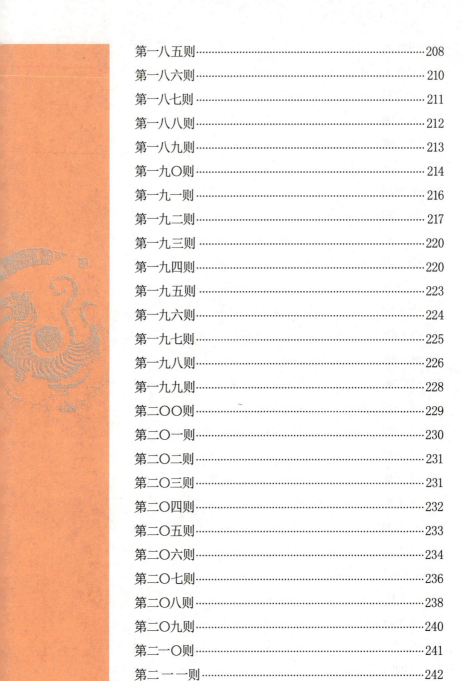

序

寒夜围炉，田家妇子之乐也。顾篝灯坐对^①，或默默然无一言，或嘻嘻然言非所宜言，皆无所谓乐，不将虚此良夜乎？余识字农人也，岁晚务闲，家人聚处，相与烧煨山芋^②，心有所得，辄述诸口，命儿辈缮写存之^③，题曰《围炉夜话》。但其中皆随得随录，语无伦次且意浅辞芜^④，多非信心之论，特以课家人消永夜耳^⑤，不足为外人道也。倘蒙有道君子惠而正之，则幸甚。

咸丰甲寅二月既望王永彬书于桥西馆之一经堂^⑥

【注释】

① 顾：但是。篝（gōu）灯：置灯于笼中。篝，指篝火。燃火而以笼罩其上。

② 煨（wēi）：把生的食物放在带火的灰里使烧熟。

③ 缮写：誊写，编录。

④ 语无伦次：语言杂乱无条理。辞芜：语辞烦杂。芜，杂乱。

⑤ 课：督促。永夜：长夜。

⑥ 咸丰甲寅：咸丰四年，即 1854 年。二月既望：农历二月十六日。既望，周历以每月十五、十六日至廿二、廿三日为既望。后称农历十五日为望，十六日为既望。

【译文】

在寒冷的夜晚围坐在炉旁，这是农家夫妇儿女的家庭欢乐。但是笼上灯火相对而坐，有时默默地一言不发，有时嘻嘻笑闹说不应该说的话，这些都不是所谓的"欢乐"，不是要虚度这样美好的夜晚吗？我是个识字的农民，一年到了年底农活闲下来，和家人团聚，一起烧煨山芋，心中想到的，就随口说出来，让孩子们记录编写留存起来，起名叫《围炉夜话》。只是其中的内容都是随有随写，语言杂乱没有条理，而且意味浅近言辞杂乱，大多不是虔敬深奥的言论，只不过是督促家里人消磨长夜罢了，不值得对外人说讲。倘若能得到见识高明的君子纠正，那就太幸运了。

咸丰四年二月十六日王永彬写在桥西馆的一经堂

【评析】

快乐与生命同在，只要有生命的存在，就有对快乐的追求。明代的王畿说："乐是心之本体，本是活泼，本是脱洒，本无挂碍系缚。"（《宋儒学案》引《答汪南明》）这是本体之乐。现实社会中不同群体各有快乐，但所乐不同，贾有贾之乐，工有工之乐，农有农之乐，士有士之乐。各人也有不同的快乐追求，有明道之乐、物欲之乐、山水之乐、伦理之乐等等。这里所说的寒夜围炉式的田家妇子之乐就是伦理之乐，本书的内容都是在这个预设背景下的闲谈，但所谈绝非纯粹为了消遣，不是家长里短，不是神仙鬼怪，更不是利欲享乐，而是力图在儒家思想基础上构建出一个道德完善、精神平和、家庭和睦的民间社会。

中国古代社会一直注重伦理教化，统治者将意识形态改造过的儒家伦理向下宣讲，这既符合国家意志，又合乎儒家思想，并通过诏诰、条令、法律的形式固定下来，从而获得了绝对的权力；而下层社会则通过学校、宗族、仪式向民间社会广为传播儒家伦理，从而形成了一个广泛的社会运动。在这个长期的过程中，伦理、等级、秩序、老幼、亲疏、尊卑、血缘在民间社会得到加强。这就是我们常说的礼教下移，中国社会的伦理性质得到强化。正面意义上，其目的是要在理论上建构一个道德完善、精神平和、家庭和睦的民间社会。而由于意识形态的作用和现实社会刺激出来的以自保为特点的生存策略，使得这种理想打了折扣，根本上是以一种乡愿式的生存方式宣扬适应社会而不是改变社会的人生路径，以获得现实存在感。可以说，正是这种复杂的表达塑造了中国人的国民性格，即坚持以儒家伦理为出发点，以构建平和社会为目的，以求得更好的生存现实为具体目标，但因并没有从根本上建立真正的自我，对现实不满，依赖社会而不想真正改变社会，所以总是充满了一种圆滑的生存智慧。

第一则

教子弟于幼时^①，便当有正大光明气象^②；检身心于平日^③，不可无忧勤惕厉功夫^④。

【注释】

①子弟：对后辈的统称。《荀子·非十二子》："遇长则修子弟之义。"

②正大光明：胸怀坦荡，言行正派。《易·大壮·象》："大者正也，正大而天地之情可见矣！"《易·履·象》：

"刚中正，履帝位而不疚，光明也。"朱熹《答吕伯恭》："大抵圣贤之心，正大光明，洞然四达。"气象：原指自然界的景色和现象，亦泛指景况和情态，此指人的言行举止和态度。《新唐书·王丘传》："（王丘）气象清古，行修洁，于词赋尤高。"

③检：反省，检讨。

④惕厉：警惕激励。《易·乾·九三》："君子终日乾乾，夕惕若厉，无咎。"惕，警惕，戒惧。厉，磨砺，磨炼。

【译文】

从子弟们年幼时就开始进行正确的教导，他们才会有坦荡正派的举止气概；在平素生活中就时常对自身进行反思检讨，不能没有忧勤戒惧的修身功夫。

【评析】

这一则是讲子弟教育，是说幼小时的教育要养成正大光明气象。所谓正大光明气象是说要有高远的追求，心胸坦荡，不要落入虽有知识，但心胸狭小、精神卑陋的境地。如何保持这种精神境界呢？平时要有自我反省精神，要经常进行自我身心检查，保持忧劳勤苦并心存戒慎的精神状态，不能放纵自我。

这是典型的理学思想，理学要求时刻保持清醒，检点自我，克制人欲。表现在子弟教育中，就是要制定严格的家规，贯彻在日常生活和成长过程中，严格要求，切实执行，丝毫不放松。现在看来，这也许过于固执，我们更喜欢给孩子提供一个宽松、自由的成长环境。这涉及古今培养孩子理念的差异，但本质上并没有差别，都是为了培养孩子良好的品性。差别在于如何达到这一目的。宽松不是过分放纵，放纵自我从来都无法养成良好品性；同样，"忧勤惕厉"也不是整日死气沉沉，而是限制人的放纵无度。尤其是对儿童，溺爱基本上等同于放纵，养成良好生活习惯，学会自我克制是教育应有之义。晚明李贽说："夫童心者，真心也……夫童心者，绝假纯真，最初一念之本也。"（《童心说》）说的是"绝假纯真"，强调的是童心的自然真纯的特点，是针对长大后为道理闻见束缚而强调童心，从来都不是放纵自我。童心说深刻影响到晚明文化，主要体现为人们将这一概念转化为人可以不受拘束地享受物欲，于是形成了无所忌惮、纵欲任情的社会文化，其实离童心很远。因此，对这类主张，我们要保持客观的心态，不能一概否定。但又要注意到另一面，所谓规矩是社会在特定思想和社会制度、文化礼俗背景下形成的，过度强调又会形成僵化的形式，无形中限制了人的心灵自由，正如李贽所说："盖方其始也，有闻见从耳目入，而以为主于其内而童心失。其长也，有道理从闻见入，而以为主于其内而童心失。其久也，道理闻见日以益多，则所知所觉日以益广，于是焉又知美名之可好也，而务欲以扬之而童心失。知不美之名之可丑也，而务欲以掩之而童心失。"（同上）规定的道理闻见反而成为束缚人心的工具，也就是说本来用于教育规范子弟的"道理闻见"反而成了束缚天性、压抑自我的工具。因此，对这类主张我们要有客观的看法，从约束自我、学会克制的角度看有其古今一致的合理性；但社会规范有其两面性，应该去除压抑和限制中的不合理因素。当然，这要看社会提供了一种什么样的思想和规范。

第二则

与朋友交游①，须将他好处留心学来，方能受益；对圣贤言语，必要我平时照样行去，才算读书。

【注释】

①交游：交际，结交朋友。《荀子·君道》："其交游也，缘义而有类。"

【译文】

结交朋友，需要留心学到他们的长处，这样才能从中获益；读圣贤的言辞教导，必须要在平时去效仿实践，这样才算是真的读书。

【评析】

朋友之义在中国古代伦理思想中占有重要地位，孔子讲"益者三友，损者三友。友直、友谅、友多闻，益矣；友便辟、友善柔、友便佞，损矣"（《论语·季氏》），是说交朋友交正直、诚信、知识广博的，这才是有益的朋友，而不能结交谄媚逢迎、阿谀奉承的人，因为这只会对人有害。这里讲的就是这个道理，交了好朋友，要留心学他的好处优点，才能受益。古人学圣贤之言，最主要的目的是养成个人高尚的精神品性，其他的目的都是由此延伸开去的结果，所以平时要将圣人言语依照执行，学会做人，才算是真读书。否则，知识再多，也不能算是读书，不能说是真正学习圣人之言。圣贤言语不是用来应对考试、获取功名的工具，学圣贤之理，并在实践中施行，体认才会更深刻。但对大多数人来说，体会是次要的，主要在实行，只有真正践行圣贤之道，才算学懂了圣贤。实践性是儒学的基本特质，但在现实中，儒学却往往沦于抽象、虚泛，成为大道理，谁都懂，却又不去实行，于是便发生儒学的虚伪化。所以中国古人一直强调践行，认为切实践行才是最重要的。

第三则

贫无可奈惟求俭，拙亦何妨只要勤。

【译文】

贫寒艰难无可奈何之时，唯有勤俭持家；资质愚鲁不要紧，只须勤恳付出。

【评析】

人生贫贱是颇为无奈的事，但不要绝望，俭可济贫，仍然可以生活下去；人生智愚不定，有的精明，有的笨拙，但拙可勤补，只要付出，以勤劳辛苦弥补天生之拙，也未尝不是一条可行的道路。这些一般的道理在中国人的生活中一直被人们尊奉，是不言自明的人生常理，不论什么社会都应该如此。但是在当代中国的消费文化热潮中，好像人们不再遵信了，所以有人陷入迷惘、焦虑之中，这时候，回顾一下古人的话，对个体而言应该是有益的。社会是由不同的个体组成的群体，就个体而言，学会如何生存、如何更好地生存是非常重要的。这一则从个体心理、品性的角度讲勤俭勤恳，是说作为个体应该具有的素质，但有很多人勤俭勤恳却并没有获得应有生存空间，所以从社会的角度看，更重要的是提供公平、公正，保证社会财富的合理分配，二者互用，才能建设良好和谐的社会。

第四则

稳当话①，却是平常话，所以听稳当话者不多；本分人②，即是快活人③，无奈做本分人者甚少。

【注释】

①稳当：牢靠妥当。韩愈《答侯生问论语书》："此说甚为稳当，切更思之。"

②本分：安分守己。

③快活：快乐。白居易《想归田园》："快活不知如我者，人间能有几多人。"

【译文】

牢靠妥当的话，却是普通无奇的话，所以能听取牢靠话的人不多；安分守己的人，就是享受快乐的人，可惜能做到安分守己的人很少。

【评析】

这一则说的也是人生常理，是说要多讲平常本分话，不要过激、夸饰、迎合、热切，稳稳当当、平平常常才是正常的，但人们却不爱听。做人要做本分人，本分人就是快活人，但人们都要追求功利，愿做本分人的非常少。一句话，就个人而言，平常本分是保持身心平和的一副人生良药，否则将陷于矫饰虚伪和精神躁动之中。但这里隐含着一个悖论，稳当、本分有可能陷于混同世俗，即古人所说中庸与乡愿之别。这类格言式的表述往往都隐含着悖论，关键在于社会文化的两面性。真实的中国社会真假混同，有时候甚至假多于真，当假多于真时，这个悖论就会出现，本来讲求的稳当、本分、诚实、恳切，就会转换成无是无非的乡愿，或虚伪、掩饰的小人行径。

第五则

处事要代人作想，读书须切己用功。

【译文】

处理事情时要站在他人的角度考虑问题，读书时要亲自踏踏实实地下工夫苦读。

【评析】

中国人最讲求处世之道，但这不是厚黑学，不是学习如何钩心斗角，如何争权夺利，而是强调在与人相处时，要处处为别人着想，凡事站在别人的立场上想一想，人和人就易于相处了。读书则与做人不同，要处处从切己之处入手，要为自我人格的养成服务。这时候，就要求读书用功，用功不是死用力，而是要寻求知识与心灵的切合处。处世要学会为他人着想，读书则要讲"为己"之学，两者出发点不一样，归结点却是一致的，即只有个体自我的真诚才能有群体互助和社会的和谐。孔子说："古之学者为己，今之学者为人。"(《论语·宪问》)孔安国注:"为己,履而行之。为人,徒能言之。"朱熹:"为己,欲得之于己也;为人,欲见知于人也。"(《朱子语类》)将古今对立包含着批判意味,是说践行与空言的差别,一个是为了提高自我道德修养,一个是拿来夸耀于人,却不肯真正践行。这里合在一起说,并不违背圣人之言,"代人作想"正是履践功夫,而这正从"切己"、"为己"而来。

第六则

一"信"字是立身之本①,所以人不可无也;一"恕"字是接物之要②,所以终身可行也。

【注释】

①信:真心实意,诚实不欺。《新书·道术》:"期果言当谓之信。"立身:树立人格。《孝经·开宗明义》:"立身行道,扬名于后世,以显父母,孝之终也。"

②恕:宽容。《论语·卫灵公》:"其恕乎,己所不欲,勿施于人。"接物:与人交往。侯方域《壮悔堂记》:"君子之自处也谦,而其接物也恭。"

【译文】

一个"信"字是树立人格的根本,因此做人不能没有信誉;一个"恕"字是与人交往的关键,因此做人终身都应该奉行。

【评析】

这一则从两方面着手,一是内在地说,做人讲"信",

"诚信"二字是说只有内心真诚，才能表现为信义，这是根本，人人不可无；一是外在地说，在现实生活中待人接物要讲"恕"，要以宽厚的胸怀对人，对己要严，对人要宽容，不要斤斤计较，这应该是人终身遵奉执行的。孔子说："人而无信，不知其可也。"（《论语·为政》）诚信是人的基本品质，"与朋友交，言而有信"（《论语·学而》）。习惯上，诚信连用，《礼记·中庸》："诚者天之道也，诚之者人之道也。"诚是天道，而不单纯是我们一般意义认为的道德情怀，引申到人道，诚便具有崇高的道德感。又云："诚者，物之终始，不诚无物。"诚既是天道，便能生物，不诚则无物。故孟子说："是故诚者天之道也，思诚者人之道也。"（《孟子·离娄上》）由此，我们可理解诚信是很高的精神境界，是天道人道合一的结果，只有这样理解诚信，才能体会到诚信的价值和意义，也才能理解"信"何以可以说是"立身之本"。孔子说"己所不欲，勿施于人"是恕道，孟子说："强恕而行，求仁莫近焉。"（《孟子·尽心上》）恕道即仁道，都是从内在和根本的意义上说的，本则中将恕理解为接人待物之道，是就外在意义而言。但从儒学看，只有内在的完善，才有外在的恕道。由这一则我们可以认识到儒学的内在性特征，所谓内外之别，仅在于由内及外，推己及人，而由此形成儒学的实践性特征。

第七则

　　人皆欲会说话，苏秦乃因会说话而杀身[①]；人皆欲多积财，石崇乃因多积财而丧命[②]。

【注释】

①苏秦（？—前317）：战国纵横家，东周洛阳（今属河南）人，字季子。有口才，善辞令。初说秦惠王吞并天下，不纳，后游说燕、赵、韩、魏、齐、楚等国，合纵抗秦，佩六国相印，为纵约之长，迫使秦废帝号，归还所攻占韩、魏两国的部分领土。后合纵之约为另一纵横家张仪所破，苏秦遂至齐为客卿，与齐大夫争宠，被处死。生平事迹见《史记·苏秦列传》。

②石崇（249—300）：晋朝著名富豪，南皮（今属河北）人。字季伦，历任散骑常侍、荆州刺史等职。曾劫掠远使客商，积攒钱财无数，在洛阳修金谷园，奢靡成风，与贵戚王恺、杨琇等以奢侈相尚，争富斗气。与潘岳、陆机、陆云等人号称二十四友。后来八王之乱，在永康元年被以贾后党羽免官，后来为孙秀借故杀死。其事见《晋书·石崇传》。

【译文】

人人都想有好口才，苏秦就因为能言善辩而招来杀身之祸；人人都想多聚财物，石崇却因为聚财太多而命丧黄泉。

【评析】

在现实社会中，人人都想伶牙俐齿，八面玲珑，其实都是为了利益，但人最大的利益是生命，苏秦是战国最著名的纵横家，也曾风光一时，最终却因为"会说话"而引来杀身之祸，这是忘记根本。人人都想发财富贵，但其中其实隐藏着巨大危险，西晋的石崇富甲天下，享尽荣华富贵，结果却因此丧命。理学讲理欲之别，并不是要灭除人的欲望，而是要加以限制，使其保持在适度的范围内，超过这个限度就危险了，过分伶俐，过多财富，都会引发祸端，不可不加注意。其实好口才和财富本身并没有错，在儒家看来，错在立身不正，二人的出发点都是为利为财，立身不正以致性命不保，故拿来作例子。讲求立身要正，志向要高是对的，但一味回避，只求保身保命保财，口讷而不言，则又落入乡愿之病。没立场、没信仰、无是非，一切以自我利益为中心，实际上是纵容恶势力横行。一味说祸从口出，一味隐忍不言，否认历史上义士豪杰的抗争和牺牲，也是一种民族惰性，是应当引起警惕的。

第八则

教小儿宜严①，严气足以平躁气②；待小人宜敬③，敬心可以化邪心④。

【注释】

①宜：应当。

②严气：刚正之气。《后汉书·孔融传论》："夫严气正性，覆折而已。"

③小人：识见浅狭、人格卑鄙的人。

④敬心：尊重的心态。邪心：不符合道德规范的心态。

【译文】

教导孩子应该严格，这样才能用刚正之气平复他们的浮躁之气；对待小人应该尊重，这样才能以尊重的心态化解他们不正的心术。

【评析】

上句讲的是儿童教育要严格，这里的严格不是严厉打骂，而是要通过严格的要求来铲除躁动之气。儿童教育中最忌讳的是放纵，放纵会养成躁动性气，进而发展为暴戾之气，那就危险了。下句讲的是对待小人的态度，为什么对小人应该"敬"呢？这里有两层含义：一是可以用诚敬之心去感化邪恶之人，去除邪恶之心；二是避开恶人，使之能够不动恶心，不行邪恶。这是从正面意义上说，负面意义则是回避小人，放纵小人，而这更似乎是对待小人的常态、中国文化的顽疾。孔子说"唯女子与小人为难养也"（《论语·阳货》），因为小人顽劣，根性难除。作者在这里主张用诚敬之心感化小人，化除邪心，实在是太理想化了。

第九则

善谋生者，但令长幼内外勤修恒业①，而不必富其家；善处事者，但就是非可否审定章程②，而不必利于己。

【注释】

①但：仅。长幼内外：泛指男女尊卑长幼。《礼记·内则》："凡内外，鸡初鸣，咸盥漱，衣服，敛枕簟，洒扫室堂及庭，布席，各从其事。"恒业：固定的产业、职业。

②就：取向，接近。章程：程式，规定。赵璘《因话

录》:"善守章程,深得宰相之体。"

【译文】

善于谋生的人,仅让家中老少勤奋尽心地经营产业,而不一定要让家族致富;善于处事的人,只根据是非曲直来审阅评定章程,而不一定要对自己有利。

【评析】

谋生与处事是一个事情的两个方面,人最基本的生存是要在社会中获得一定的财富来支撑自己及家庭,而这些都需要与人相处,处理各种事件。作者认为,真正善于谋生的人,是要使子孙学会长久之道。所谓"勤修恒业",是指不要图一时之利,图大富大贵;而勤劳修持,把握自己一技之长,才能保证家族家庭的传承。而为了达到这个目的,在处事之中,就要有一定的"章程",一切按"章程"办,不必刻求事事利于自己,才能处理好各种事件,从而保证事业的延续与长久。但总有人因过求富贵,求快富、求大富而丧失自我而不能长久。这种经验性的话语在本书中很多,表面上没有太深意味,甚至有点说教的意思,读多了不免使人生厌,可我们还要看到这些话语的背后其实仍是儒家讲诚信、勤劳、谨慎的精神,正是这些精神支撑起社会,使社会凝结成一个整体,保证了社会的结构稳定,精神趋向的一致。本书很多话就是这种精神凝结而成,因而有着强大的生命力。

第一〇则

名利之不宜得者竟得之,福终为祸;困穷之最难耐者能耐之，苦定回甘。生资之高在忠信①，非关机巧②；学业之美在德行，不仅文章。

【注释】

①生姿：资质，风度。

②机巧：机变取巧。

【译文】

不该得到的功名利禄却得到了，福最终会转化成祸；最难忍受的贫困穷苦忍耐过来了，苦必定会转变成甜。为人资质风度之高在于忠诚守信，而并非机变取巧；成就学业之美在于德行高尚，不只是妙笔文章。

【评析】

中国人相信天命，固然有保守的一面，但积极的一面是不做非分之想。应该自己得到的自然不放过，而不该得到的一旦得之，表面上看是福，但长久看是祸患，所以应该懂得放弃。艰难困苦最难忍受，但能够坚持，必能苦尽甘来，如宋儒所说"咬得菜根，则百事可做"（《菜根谭》），人必须受得住清苦，才能有所成就。人生最重要的资本是忠信，机变取巧只是一时之利，失去了根本，便无以立身。这本是中国人处世之道的核心，但现实社会中却不尽如此，讨巧逐利反倒成了处世哲学的核心。道德沦丧，社会解体，正是以"机巧"立身的直接后果。同样，学习也被功利化了，无关自我，只求达成利益目标。真正的学习应该是先学做人，成就一个道德高尚、德行完美的人，而不是写出好文章去追求功名利禄。曾经看到一句广告词：

"学习成为信仰，知识改变人生。"这句话看似没有问题，却隐含着一个前提，通过学习知识改变人生际遇，知识被功利化了。而在中国古人看来，养成美好德行才是最终目的。知识功利化是附带产物，是应世的工具。这是值得现代中国认真思考的。

第一一则

风俗日趋于奢淫①，靡所底止②，安得有敦古朴之君子③，力挽江河；人心日丧其廉耻，渐至消亡，安得有讲名节之大人④，光争日月⑤。

【注释】

①奢淫：奢侈荒淫。

②靡：无，没有。底：尽头，终极。

③敦：淳厚，笃厚。君子：有才德的人。王安石《君子斋记》："故天下之有德，通谓之君子。"

④名节：名誉，节操。大人：德行高尚、志行高远的人。

⑤光争日月：可与日月争辉。

【译文】

社会风气越来越趋向奢侈淫靡，没有终止的迹象，怎样才能求得笃厚古朴的君子们，来拯救这江河日下的局面；世人心中的廉明羞耻在渐渐丧失，到了消失灭亡的程度，何时能够出现德行高尚的人们，像日月之光一样普照世间。

【评析】

宋明以来，理欲之辨成为一个思想命题。现代文化是反传统的，故往往反对理学以天理限制人欲，认为天理成为阻碍社会进步的力量。在某种意义上，这是对的，因为人的幸福和社会的安宁都仰赖于一种平衡，即理欲平衡。但过度的理性化，特别是以意识形态化的天理限制人性也会造成社会的僵化和虚伪。如果剔除这些，单纯考虑天理的合理性，则欲望应该受到限制。人的欲望是无休止、无穷尽的，如果不加以限制，我们就会看到一个人欲泛滥、日益奢侈荒淫的社会。为了满足个体的欲望，人往往无所不用其极，丧尽廉耻也是必然的了。廉耻是人伦的底线，真正到了丧尽廉耻，社会的解体也就无法避免。作者在这里呼吁真正的古朴君子，讲求名节的"大人"出现，以挽救人心、拯救社会。但不可回避的是，这种以理想化的道德榜样方式改变社会的可能性是很小的，体制的改变和社会重建才是更重要的。

第一二则

人心统耳目官骸^①，而于百体为君^②，必随处见神明之宰^③；人面合眉眼鼻口，以成一字曰苦（两眉为草，眼横鼻直而下承口，乃苦字也），知终身无安逸之时。

【注释】

①统：统帅，总管。官骸：五官和身体。

②百体：总指人体所有器官。

③神明：人的精神、心思明智如神。《淮南子·兵略

训》："见人所不见谓之明，知人所不知谓之神。神明者，先胜者也。"宰：主宰。

【译文】

人的心统帅着五官和身体，对于人的所有器官来说居于首要地位，必须随时随地体现出明智的心思作为主宰；人的脸是合眉、眼、鼻、口而成形，恰巧是一个苦字（若将两眉当做是部首的草字头，把两眼看成一横，鼻子为一竖，下面承接着口，正是一个苦字），可知人的一生苦多乐少，始终没有安闲享乐的时候。

【评析】

这段话讲的是身心关系。古代中国人对身体的认识与现代人不同，古人认为心是思考器官，是四肢百骸之首。人心要保持清明，才能获得支配的力量，否则将会导致身体支配心灵。身体被欲望控制着，常常追求安逸，安逸则耽于享乐，享乐则放纵。要想控制欲望，身体就应该时刻处于劳苦状态，保持活力，才能用心灵支配身体。单纯从养生之道来看，这两句话也是非常有道理的。作者用解字的方式来解释身心关系，是一种典型的民间智慧，所以尽管比喻并不恰当，但意思却能表达得很清楚。

第一三则

伍子胥报父兄之仇而郢都灭^①，申包胥救君上之难而楚国存^②，可知人心之恃也^③；秦始皇灭东周之岁而刘季生^④，梁武帝灭南齐之年而侯景降^⑤，可知天道好还也^⑥。

【注释】

①伍子胥（？—前522）：春秋时期楚国人，名员。父
　兄被楚平王杀害，他投奔吴国，吴国封以申地，因
　此被称为申胥。他发誓灭楚，和孙武共同辅佐吴王
　阖闾伐楚，五战之后攻破楚国都城，掘楚平王之
　墓，鞭尸三百以复仇。后来吴王夫差打败越国，越
　国求和，伍子胥进谏，夫差不从，听信谗言，逼迫
　伍子胥自杀。伍子胥生平见《史记》、《越绝书》、
　《吴越春秋》等处。郢都：楚国都城，在今湖北荆州
　北之纪南城。

②申包胥：春秋时期楚国大夫，又名棼冒勃苏，与伍
　子胥友好。伍子胥因为父兄被害，逃奔吴国，对申
　包胥说自己一定要灭掉楚国，申包胥表示自己一定
　能兴复楚国。后来伍子胥伐楚攻入郢都，申包胥到
　秦国求救，哭于秦廷七个昼夜，秦国最终出兵救
　楚，打败吴军，楚昭王要赏赐，申包胥逃走不接
　受。申包胥事迹见于《左转》、《战国策》、《史记》
　等处。

③恃：依靠，凭借。

④秦始皇灭东周之岁而刘季生：前256年，周代最后
　一位君主周赧王去世，秦昭襄王取走象征天子权力
　的九鼎，标志了周的灭亡。也正在这一年汉高祖刘
　邦降生。按，灭东周者为秦昭襄王，不是秦始皇，
　作者记载有误。刘季，即汉高祖刘邦，字季。

⑤梁武帝灭南齐之年而侯景降：502年萧衍逼南齐和帝

萧宝融禅位给自己，建立南梁，南齐亡。梁武帝，萧衍（464—549），南兰陵郡武进县东城里（今江苏丹阳）人。汉相国萧何第二十五世孙。在位初期颇有政绩，晚年奢靡而佞佛。后在"侯景之乱"中被困死在台城。侯景（503—552），南朝梁怀朔镇（今内蒙古固阳东北）人，字万景。初为北朝尔朱荣手下将领，后来归高欢。高欢死后，依附梁，被梁封为河南王。后来起兵叛乱，攻破建康，将梁武帝萧衍在台城困死。侯景自立，称汉帝。他率军到处烧杀抢掠，长江下游地区深受其害，史称"侯景之乱"。后来被梁朝大将陈霸先、王僧辩击败，逃亡时被部下所杀。按，侯景生年在梁武帝灭南齐后一年，作者这里的说法只是为了方便论证自己"天道好还"的观点。

⑥天道好还：指天理循环，报应不爽，天可以主持公道，善恶终有报应。

【译文】

伍子胥发誓为父兄报仇，最终攻破郢都，申包胥救楚国君王于危难，最终保全楚国，由此可以知道人的内心力量之大，足以依凭；秦始皇灭掉东周王朝之际刘邦出生，梁武帝灭掉南齐那年侯景降世，由此可以知道天理报应，循环不爽。

【评析】

历史是一面镜子，故古人习惯讲镜鉴，这是历史的基本功能。本段就是用古代的例子讲人心、天道。人心是可以依恃的力量，人心的力量可以保证事业的成功，完成难以想象的任务，人心向背决定了国家的命运，伍子胥和申包胥就靠着坚定的信念实现了几乎不可能的愿望。权谋兵势可以夺取天下，但天道好还，一报还一报，盈亏相替。秦王朝和梁武帝都是以武力夺取天下，而其时已埋下反对的种子。秦王朝的天下被刘邦夺取，侯景兴兵困死梁武帝，都是天道报应的结果。中国古人的思想十分复杂，讲天命、天道、天理的同时，也混杂佛教报应说，这里所说既有理想化成分，如讲人心，也有不可知论，如天道。但二者的指向价值是一样的，即相信人心和天道是维持天下安定的基本力量。

第一四则

有才必韬藏①，如浑金璞玉②，暗然而日章也③；为学无间断，如流水行云，日进而不已也④。

【注释】

①韬藏：掩藏，深藏。

②浑金璞玉：天然美质，未加修饰，用来形容人的品质淳朴善良。《世说新语·赏誉》："王戎目山巨源如璞玉浑金，人皆钦其宝，莫知名其器。"

③暗然：昏暗的样子。章：显明。此义后常写作"彰"。

④已：停止。

【译文】

有才学一定要深藏不露，就像天然金玉的美质一样不加美饰，起初黯淡却会日渐彰显；做学问不能失去持久耐性，要像行云和流水一般连贯流畅，进展增益就会日强一日而不停歇。

【评析】

这段话是讲做人与治学的，虽分为二实则为一。俗话讲是真金子总会发光的，人的才华不是夸耀出来，须是本质上的，不需要夸饰巧伪，做人也是如此，真正的才华总有呈现于世的一天。但讲"韬藏"，不仅有点过分谦逊，也暗藏机心，则有些过头了，背离了儒家诚实不伪的精神。中国文化承老子阴柔之学，讲以柔克刚，但总使人感到其中机心难测，这一则就暗含着这种机心。下句讲治学，认为治学是不间断的过程，只要保持连续自然的状态，就会不断进步。行云流水是对一种自然无伪状态的描述和形容，还不只是坚持、持久的意思，所谓水到自然成。还有一种学问境界作者没有讲，就是悟，参悟圆顿是更高的学问境界。为什么不讲呢？因为悟境没有一个衡量标准，只有自己内心知道，外人很难了解。悟说多了很容易流于话头禅，似懂非懂，不懂装懂。另外，过度讲悟境，忽视学问的积累，切实的功夫，也容易流于虚骄不实。

第一五则

积善之家，必有余庆；积不善之家，必有余殃①。可知积善以遗子孙，其谋甚远也。贤而多财，则损其志；愚昧而多财，则益其过②。可知积财以遗子孙，其害无穷也。

【注释】

①积善之家，必有余庆；积不善之家，必有余殃：语
出《易·坤·文言》。余庆，遗留给子孙的恩泽、
福荫。余殃，遗留给子孙的祸患。

②贤而多财，则损其志；愚昧而多财，则益其过：语
出司马光《资治通鉴·汉纪十七》："贤而多财则损
其志，愚而多财则益其过。"益，增加。

【译文】

多做善事的家族，一定会有福泽遗留给子孙后代享用；
多做恶事的家族，必然会有祸患遗留给子孙去承受。由此
可知多做善事来遗福给子孙，这种谋虑是非常深远的。若
是为人德行良善而且多聚财物，就会损抑子孙的志向；若
是为人不明事理并且多聚财物，就会助长子孙的过失。由
此可知积聚财物留给子孙，带来的祸害是无穷无尽的。

【评析】

中国人重视家庭和子孙。留给子孙什么？这是中国人
长期思考的一个问题。从长远看，以自身的榜样力量呈现
在孩子面前，是最好的教育方式。呈现出什么呢？是处世
哲学。什么样的处世哲学呢？多行善事，不仅是一种道德
力量，可以处理好与社会人事的关系，还可累积好处，使
子孙可以有一个宽和友好的社会环境。有贤德的人财富多
了尚且容易损害人的情志，品格低下的人多财富则只会增
加他犯错机会，实在是因为财富会无限扩大人的欲望，进
行自我放大，小则戕害自己的情志，大则危害社会。这个
道理大家都明白，但一到现实层面，就难于控制。有钱人

易于相信金钱就是一切，而他们在现实中也确实用金钱达到了自己的目的，于是，留下财富就成了一切，不知反而害了子孙。

第一六则

每见待弟子严厉者易至成德①，姑息者多有败行②，则父兄之教育所系也③。又见有弟子聪颖者忽入下流④，庸愚者较为上达⑤，则父兄之培植所关也⑥。人品之不高，总为一"利"字看不破；学业之不进，总为一"懒"字丢不开。德足以感人，而以有德当大权⑦，其感尤速⑧；财足以累己，而以有财处乱世，其累尤深。

【注释】

①成德：培养出有德行的人。

②姑息：无原则的宽容。败行：不好的德行。

③系：关系。

④下流：品行卑污，人格败坏。

⑤庸愚：平庸愚鲁。上达：上进。

⑥培植：培养，教育。

⑦当：担当，担任。大权：重大的权柄，支配的力量。

⑧感：感化。

【译文】

常常能看到对后辈子弟严格的家族，容易培养造就出有德行的人，对后辈子弟无原则地宽容的家族，便导致多有败坏道德的人，这与做父兄的教导方式有关。我们还能看到后辈子弟中资质聪慧的突然陷入卑污的品行，资质平庸愚鲁的较为上进，这也与做父兄的培养教育有关。人的品行不高尚，总是因为一个"利"字看不破；人的学业不长进，总是因为一个"懒"字丢不开。德行足够感化众人，而让德行高尚的人掌握权柄，带来的感化效果会更快；财物足以连累自身，而让拥有丰厚财物的人身处混乱的世道，带来的负担赘累会更重。

【评析】

这里仍是讲子弟教育问题。人的才性气质是天生的，有的愚鲁，有的聪明，但后天的培养更为重要。现实中有太多的例子，天性聪明的人却庸凡不堪，自入下流，而资质平庸之人却能有所成就，原因在教育。古人理解的教育并非书本上的知识，最关注的还是性行品质的培养。如何培养呢？遵道守理。但人心总是有不愿受束缚的一面，总有放纵的冲动，尤其未成年人不太容易自我控制。教育的功能之一就是严加约束，决不姑息终养成奸。严加管束的目的是什么呢？养成高尚的人品。人品之高下表现在对"利"字的态度上。追逐利益，自居下流；超越功利，人品自高。高尚人品来自对自我的约束，来自知识的学习，而懒惰是自我放纵的结果，故要养成高尚人品，须自"勤"字做起。

下面说的与前边的内容无关，这也是此类带有随笔性质的作品中常有的，一时感悟到此，故随笔写出。高德足以感化他人，而以高德掌大权，加上权力的光环自然感化作用更强。与此相反的是财产多了可能会连累自己的品德，尤其是身处乱世，多财足以添累，为害尤深。这应该是从历史经验中得出的结论。

第一七则

读书无论资性高低，但能勤学好问，凡事思一个所以然，自有义理贯通之日①；立身不嫌家世贫贱，但能忠厚老成，所行无一毫苟且处②，便为乡党仰望之人③。

【注释】

①义理：指讲求儒家经义的学问。《汉书·刘歆传》："及歆治《左氏》，引传文以解经，转相发明，由是章句义理备焉。"贯通：全部透彻地理解，通晓明白。董仲舒《春秋繁露·正贯》："然后援天端，布流物，而贯通其理，则事变散其辞矣。"

②苟且：不循礼法。

③乡党：周制，一万二千五百家为乡，五百家为党，后来泛指同乡、乡亲。《汉书·司马迁传》："仆以口语遇遭此祸，重为乡党戮笑，污辱先人。"仰望：敬仰期望。《孟子·离娄下》："良人者，所仰望而终身也。"

【译文】

读书不管天性禀赋高低，只要可以做到勤学好问，遇到事想想原因，自然会有一天透彻地理解儒家经义；安身做事别嫌弃家境贫寒，只要可以做到忠厚老成，行为没有丝毫不循礼法，就是同乡们所仰仗和尊重的人。

【评析】

人有两个方面是自己不能决定的，一是人的天资禀赋，一是家庭出身。天资不关读书好坏，古人讲勤能补拙，好学辅以能思，自然会有融会贯通的一天。出身不关立身，出身好不见得能够立身成业，出身贫贱，但能以忠厚老成之道处事，终能以高尚品德得到乡里的认可。我们今天不会将这两个问题放在一起思考，实则不论读书治学，还是立身行事，都要讲勤苦、深思，也都要讲待人行事忠厚老成，二者似不同，实一致。

第一八则

孔子何以恶乡愿①，只为他似忠似廉②，无非假面孔；孔子何以弃鄙夫③，只因他患得患失④，尽是俗人心肠。

【注释】

①恶（wù）：厌恶，讨厌。乡愿：貌似谨厚，而实与流俗合污的伪善者。《论语·阳货》："乡愿，德之贼也。"

②他：指乡愿。

③鄙夫：鄙陋浅薄的人。《论语·阳货》："子曰：鄙夫可与事君也与哉？其未得之也患得之，既得之患失之。"

④他：指鄙夫。

【译文】

孔子为什么厌恶伪善的人？只因为他们看起来像是忠

厚廉洁，实际上都是假面具；孔子为什么嫌弃浅薄的人？只因为他们把个人得失看得太重，全是庸俗的心思。

【评析】

　　有两种人可能陷于不可挽救的地步，一是乡愿，一是鄙夫，因为他们一个只以假面孔示人，一个整天患得患失。乡愿不易识别，因为他总是一派忠厚廉洁的样子。鄙夫易于认出，因为在利益面前他总是表现出强烈的欲望，总是在算计能够得到什么好处，避免对自己不利。这两种人是不可能改造的，所以孔子恶之弃之。但乡愿更可怕，因为他会伪装，更易欺骗人，更易成功，因而具有示范作用，世风之坏往往由此类人兴起，一旦传播开来，便一发不可收拾。故孔子宁取狂狷，《论语·子路》："狂者进取，狷者有所不为也。"进取充满了精进开拓精神，有所不为是持守节操，宁可失去现实利益，也不会混同世俗。而现实却往往是乡愿成功，狂狷者失败，这是无可奈何的事情，如何选择，就要看你自己的精神追求了。

第一九则

　　打算精明①，自谓得计②，然败祖父之家声者③，必此人也；朴实浑厚，初无甚奇，然培子孙之元气者④，必此人也。

【注释】

①打算精明：这里指精打细算。打算，考虑，计划。
②得计：计谋得逞。

③家声：家世的名声。《汉书·司马迁传》："李陵既生降，颓其家声。"

④元气：指人的精神，生命力的本源。

【译文】

精打细算，以为自己的计谋得逞，然而败坏祖辈父辈家世名声的，必定是这样的人；朴实敦厚，起初没什么过人的地方，但是能培养子孙后代兴盛发达的，一定是这样的人。

【评析】

培植元气是古代教育的核心，元气是天地之始凝聚而成，先天充满，但后天却会受到社会的熏陶伤害，以至丧失，故须培育养护。对一个人来说，如果没有养成正气，便会陷于粗俗鄙陋，是不能成功的。表面上精明算计的人，往往自以为得计，以为什么都可以摆得平，最后却陷于不义，败坏家声。当然这是往极坏处说，一般情况下，精明的人却能如鱼得水，一时间混得很好。但中国人往往从长远看问题，认为这样的人是不能长久的。因为，总是算计别人，时间长了，就不易得逞。如何培育元气呢？要顺性而为，因为元气是浑朴自然之气，故须以朴实浑厚补救。正如一个品性朴实浑厚的人，没有过人超常之处，但正要由此入手才能培植元气。精明与朴实是截然相反的两种不同品性，社会上普遍喜欢精明之人，因为他聪敏伶俐，会讨人喜欢，所谓会来事，能办事。而朴实老成的人往往习惯于自我约束，坚守良知，不愿也不会做讨人喜欢的事，因此朴实在一般人看来是朴拙，愚拙，常被人摒弃不取。

但在古人看来，精明的人丧失元气，失去了自我，时间长了反而坏事；朴实的人却一步步坚实，保持内心的充满，不随世风流俗，反而能够长久。

第二〇则

心能辨是非，处事方能决断；人不忘廉耻，立身自不卑污。

【译文】

心中可以明辨是非曲直，处理事情才能坚决果断；做人心中不忘记廉耻，树立的人格自然不会卑鄙肮脏。

【评析】

这一则很简单，是从高低两个层面谈立身处事。明辨是非是比较高一层的要求，讲廉耻是最低底线。明辨是非是处事的开端，这样才会有判断力，才能遇事决断。但是非不易断定，这就需要立身正，处己严，培养出正气，就可以辨明是非了。廉耻是人的道德底线，突破了这一层，当然会陷于鄙陋污下。道理很简单，做起来却难，但反过来却很容易，人一旦突破底线，没有廉耻心，向卑下污浊滑去当然容易了。

第二一则

忠有愚忠①，孝有愚孝②，可知"忠孝"二字，不是伶俐人做得来；仁有假仁，义有假义，可知仁义两行③，不无奸恶人藏其内。

【注释】

①愚忠：不明事理地尽忠。《管子·七臣七主》："愚臣
深罪厚罚以为行，重赋敛、多兑道以为上，使身见憎
而主受其谤，故记称之曰：愚忠谀贼，此之谓也。"

②愚孝：不明事理地尽孝。

③两行：两种道路。

【译文】

有不明事理的忠，有愚昧不清的孝，要知道"忠孝"
两个字，不是聪明灵巧的人能做到的；有虚伪做作的仁，
有伪装假冒的义，要知道仁义两种行为方式，也有奸佞邪
恶的人藏在其中。

【评析】

忠孝仁义是中国伦理道德的基础，发自内心，是义理
清明后的真实，真诚无伪，容不得一丝欺诈。但一旦成为
社会伦理道德标准，也会出现各种不诚之举。忠孝也是有
条件的，要君明才能有臣忠，要父慈身正才会有子孝，愚
忠愚孝都是不值得提倡的。仁义也是如此，假仁假义的人
太多了。历史上有太多的人口谈仁义，心存穿窬，仁义成
为藏奸纳垢的口实，也不得不小心。从这里我们看到，伦
理道德成为社会标准后，可能会有两种现象，一是严格遵
守，一是伪饰做作，进入社会，坚守忠孝仁义之道的同时，
也要学会辨明虚伪之举。

第二二则

权势之徒，虽至亲亦作威福①，岂知烟云过眼②，

已立见其消亡；奸邪之辈，即平地亦起风波③，岂知神鬼有灵，不肯听其颠倒④。

【注释】

①作威福：即作威作福。形容当权者妄自尊大，滥用权势，横行霸道。

②烟云过眼：像烟云在眼前一晃而过。比喻事物很快就成为过去。也比喻身外之物，不必重视。苏轼《宝绘堂记》："见可喜者，虽时复蓄之，然为人取去，亦不复惜也。譬之烟云之过眼，百鸟之感耳，岂不欣然接之，去而不复念也。"

③平地亦起风波：比喻发生意外事故。本文指无端生事。

④颠倒：上下倒置。比喻对一般事物的错置。

【译文】

拥有权势的人，即便是对最亲近的人也会蛮横无理，没想过自己手中的权势就像烟云一样在眼前一晃而过，很快消亡；奸佞邪恶的人，即便是没事也会想办法制造事端，怎么知道鬼神在天有灵觉，不会听任他们颠倒是非。

【评析】

这一则表现了中国古人复杂的信仰世界。从现实层面上讲，权势和奸邪之徒早晚都会受到惩处，这可以被大量事实证明，这是对正义力量的信仰。但也有大量事实证明很多这类恶人逃脱了惩处，于是鬼神便登场了，让鬼神来主持正义。二者互用，构成了中国人追求正义，惩处恶人的理想状态。权势并不长久，但总有人一旦有了权势便得意忘形，横作威福。这有两个原因，一是在他本人可预见的时间里没有失意的可能；二是本性如此，难以改正，得势便猖狂。前者是现实问题，现实总不如人愿，后者在现实面前得到加强，使权势之徒更加猖狂。翻开历史，看看现实，我们很容易体会到现实的处罚来得太慢，所以只好寄托于历史，寄望于鬼神，其实是无奈之举。但这也给我们提供了一个从更长时段看问题的角度，人作恶过多，总逃不出惩罚，不于其身，必于其后。

第二三则

自家富贵，不着意里①，人家富贵，不着眼里②，此是何等胸襟！古人忠孝，不离心头，今人忠孝，不离口头，此是何等志量③！

【注释】

①不着意里：不放在心上。

②不着眼里：没有嫉妒心。

③志量：抱负和器量。

【译文】

自己家中的富贵，不放在心上，别人家的富贵，不看着嫉妒，这是多么宽广的胸怀和气度！古代的人对于忠孝，时刻牢记在心，现在的人对于忠孝，时刻挂念在口，这是多么了不起的抱负和器量！

【评析】

人生应该有宽广的胸怀，而胸怀来自信仰和知识，这一则说的就是这个道理。对富贵抱一种顺其自然的心态，不论自己的还是别人的。而这种精神状态源自对忠孝的体认，抱着崇敬的心态对待一切高尚之举，久而久之，胸怀自然宽广。那么，对待富贵的态度也就自然了。心头、口头是有无真正信仰的标志，忠孝只见于口头，成为官场套话，说来头头是道，却一丝一毫都做不来，这样的当然求富贵，全然忘却真正的忠孝。

第二四则

王者不令人放生①，而无故却不杀生，则物命可惜也②；圣人不责人无过，惟多方诱之改过，庶人心可回也③。

【注释】

①放生：把捕获的小动物放掉。

②物命：万物的生命。可惜：应该爱惜。颜之推《颜氏家训·勉学》："光阴可惜，譬诸逝水。"

③庶：差不多。

【译文】

明君并不要求臣民放生，却不会无缘由地杀伐害命，就是因为万物的生命都应该被爱惜；圣人不苛求别人没有过失，只是想办法引导他们改正过错，这样一来百姓的心地就能回转向善。

【评析】

榜样和教化是中国古代国家治理中很重要的两项。榜样具有示范作用，但要最高统治者首先做起来。譬如尊重生命，很多人讲不杀生，因此提倡放生，但不能要求百姓都这样做，只要统治者不无故杀生，就是最好的爱惜物命的榜样。教化是自上而下的，是上层对下层的教育和引导。但不能要求下层人民不犯错，这是不可能的，需要耐心的教育和引导。二者相互配合才会有好的效果，不然，只会流于形式。榜样和教化是儒学思想影响下形成的两种教育方式，做榜样的是上层，被教化的是下层，二者配合，形成对全社会的引导和教育。当然，这只是理想的设计，在现实中往往相反，榜样多是下层人士，教化来自上层，由于失去了榜样的力量，教化流于形式，没有对现实真实有效的影响力，渐渐变得僵化，变得虚伪化。自古以来的事实，都非常重视榜样的力量，但实际上处于被动无力的状态，原因就在于在上者没有起到榜样的作用，只要求民众接受教化，当然少有思想价值和影响的力量。

第二五则

大丈夫处事，论是非，不论祸福；士君子立言①，贵平正②，尤贵精详③。

【注释】

①士君子：旧指有节操、有学问的人。立言：著书立说。《左传·襄公二十四年》："太上有立德，其次有立功，其次有立言，虽久不废，此之谓不朽。"

②平正：公正，不偏颇。

③精详：精细周详。

【译文】

大丈夫处理事情的时候，讲求是非曲直，而不管是祸是福；士君子著书立说的过程，重视端正公平，尤其崇尚精细周详。

【评析】

古代讲三不朽：立德、立功、立言，立德是最高境界，一般人很难做到，后二者才有较高的实践性。立功的第一步是处事，中国人最讲究处事之道，但多数情况下带有乡愿的味道，唯求混迹世俗，没有原则，没有主张。这一则中讲原则，即一切从是非曲直出发，不管其中隐伏着的祸福。这需要有信仰的力量支撑，唯其如此，才可称大丈夫。这一则充分体现了中国文化中充满的豪杰意识和平正广大精神，在现实面前，要有勇于面对、敢于承担的精神，不惧祸福，唯论是非。正是这样的牺牲精神造就了中国人积极进取的豪杰意识，历史也从不乏敢于牺牲和抗争的士人，在黑暗的历史中透出一丝光明的希望。立言则要慎重，立言是造福当代、传之后世的伟大事业，不是情绪的发泄，故应当保持一种平正的态度，表述要全面精详，才会有说服力。当然，也会有走偏锋的时候，但这不是中国思想的精要所在。任何脱离平正的偏执之举其实都是思想不成熟的结果。思想是伟大的，需要对现实更对历史负责，因为思想才是影响中国历史的真正力量。一个没有思想的时代，或思想僵化，或思想工具化，或沦于虚伪，自然不能对现实有真正的作用。

第二六则

求科名之心者①，未必有琴书之乐；讲性命之学者②，不可无经济之才③。

【注释】

①科名：原指科举的名目。本文指科举考中取得的功名。

②性命之学：即讲究生命形而上境界的学问。

③经济：经国济民。

【译文】

有求取功名心愿的人，不一定能享受琴棋书画的乐趣；讲究生命形而上境界学问的人，不能没有经国济民的才干。

【评析】

世间总有一些事情不可兼得，也总有一些要求必须兼顾全面。有求取功名心愿的人，就不见得能享受琴棋书画这样的闲雅趣味；讲求性命哲学的人，却不能没有经国济民的才干。前者之失，失去了生活的乐趣，困于功名的困境之中；后者之失则关系很大，闭起门来讲思想、谈学术，却没有济世之怀、入世之能，是社会的损失。这是有针对性的，前者从个人说起，后者则从国家说起。个人有功名之心，当然会牺牲生命的乐趣，二者难于兼得。但在官场社会却有一批人无法忘记琴书之乐，于是吏隐官场，追求风雅，而于官务不甚了了。所以作者明说二者不可兼得，其实在告诫求科名入官场的士人，做好放弃的准备。后者是更高层面的讨论，宋明以来都曾出现过讲学之风，但这些讲学者往往受到无经济之才的质疑。这是因为思想和济世处于不同层面，本不必求其共处共存。但在中国文化中，现实事功的迫切性要求思想直接为现实服务，所以讲学者也应该有济世之力、经济之才，正所谓体用合一，言行一致。

第二七则

泼妇之啼哭怒骂，伎俩要亦无多^①，惟静而镇之，则自止矣；谗人之簸弄挑唆^②，情形虽若甚迫，苟淡然置之，是自消矣。

【注释】

①伎俩：原来指技能，现在多用于贬义，指手段、花样。

②簸弄：造言生事，颠倒是非。挑唆：挑拨，搬弄是非。

【译文】

泼妇啼哭或者怒骂，主要手段并不多，只需用冷静的态度镇服她们，这些手段就自然会停止；谗佞小人造谣生事，表现出的状况虽然看起来让人窘迫，但是只要毫不在意淡然处之，这种事端自然就会消失。

【评析】

这一则讲得很有意思，作者的出发点是传统的，所谓"唯小人与女子为难养"，故现代人看来，不免有歧视女性的偏见。但如果抛开这些，还是可以接受的。在现实生活中，每个人都会面临各种是是非非，如何处置呢？唯有以平静而不动气和淡然处之的态度应之，则一切自然消融。但这种态度又有多少人能够拥有和保持呢？实际上很难做到，有可能会流于对是非的漠然，也有可能会失去正义感，放任小人播弄是非，更有可能唆使小人搬弄是非。

第二八则

肯救人坑坎中^①，便是活菩萨^②；能脱身牢笼外，便是大英雄。

【注释】

①坑坎：指坎坷不平的道路，这里引申为艰难困苦的境遇。

②菩萨：梵语菩提萨埵的简称，汉语译为"觉有情"，就是能自觉又觉他的有情。这里比喻心地善良，能解救别人急难的人。

【译文】

愿意救助陷入艰难困苦中的人，就是活菩萨；身心能摆脱世俗名利牢笼的人，就是大英雄。

【评析】

这一则从为他和为己讲起。佛教讲慈悲心，是说要能够救人于水火之中，这是为他；对自我而言，则要能超脱于世俗利欲之外，方可称大英雄。当代社会中，"英雄"特指为社会利益牺牲的人，这与古人所讲不同。也就是说，为他要有慈悲心，为己要有超越心。慈悲和解脱都是佛教思想，本书作者的思想主体是儒家，是正统理学，但仍不免掺入佛教思想，可以看出明清以来三教合一趋向的影响。但二者却可能接合自然，毫无忸怩之处，这正是中国文化能够融炼差异，达到完美统一的能力的充分体现。

第二九则

气性乖张^①，多是夭亡之子^②；语言深刻^③，终为薄福之人。

【注释】
①气性：气质性情。乖张：性情执拗、怪癖。
②夭亡：早死，未成年而死。
③深刻：严峻苛刻。《史记·酷吏列传》："是时赵禹、张汤以深刻为九卿矣。"

【译文】
性格气质偏执怪癖，大多是短命夭亡的人；对人说话尖酸刻薄，最终是福分浅薄的人。

【评析】
好的性格源于内心光明正大，故能行事稳重，待人诚恳，所以被人接受，自己也能保持心态的平稳，这亦是延年益寿之方。性情乖僻和语言刻薄的人既不为世人所容，也不是安身养命之方，对自己的损害更大。这一则体现了中国文化强调精神平和正大的特点。在理学看来，天理无偏无颇、光明正大，故能造就这种精神。而血性气质往往偏离天理，故立身、行事、言语多陷于偏颇矫伪、刻薄寡情。作者强调这种气质终会戕害性命，采用最能撼动人的功利方式，因为只有这样才能使人警醒，倒也没有太多的深意。之所以用这种表述策略，足见人性的固执。

第三〇则

志不可不高，志不高，则同流合污，无足有为矣；心不可太大，心太大，则舍近图远，难期有成矣。

【译文】

志趣不能不高尚，志趣不高的人，就会随波逐流，不足以有所作为；目标不能太大，目标太大的人，就容易舍近图远，很难期待能有所成就。

【评析】

这一则将两种不同的心志状态放在一起讨论，而且这两种心志易于混淆，即志向高远与心大气满。志向要高远，目标要可行，这是古人总结出来的人生道理。没有高远的志向就会流于世俗，没有大作为。但过于远大的目标即心大气满，又会使人心浮气燥，不愿从小事做起，结果一事无成。道理其实很简单，可以归入人生常理，但实行起来却并不容易，这也是很多人一事无成的原因。作者告诉人们，一方面要有高远的志向，另一方面又不要心浮气傲，心气过浮则流于无所事事。前者是精神层面的寄托，凭借高远志向，才能成就大业，后者是具体层面的选择，人毕竟还要考量自己的能力，从具体事情做起，踏实肯干，才会有所成就。

第三一则

贫贱非辱，贫贱而谄求于人为辱[1]；富贵非荣，富贵而利济于世为荣[2]。讲大经纶[3]，只是实实落落；有真学问，决不怪怪奇奇。

【注释】

①谄：奉承，献媚。

②利济于世：泛指有益于世。比喻有益于世，造福于世。

③经纶：汉朝以前的人以蚕丝为材料，编制为丝织品，
　用以写字。整理蚕丝为经，编织为纶，统称经纶。
　引申为筹划治理国家大事。

【译文】

家境贫寒地位低贱并不是耻辱，贫贱却靠奉承和献媚
去求别人才是耻辱；家境富裕身份高贵并不是荣耀，富贵
的同时能造福于社会才是荣耀。讲求治理国家的大学问的
人，一直都踏实认真；拥有真正的学问的人，一定不会做
奇怪不合常理的事。

【评析】

这些格言都是在讲人生道理，如何培育完善的自我，
如何为人处世，因此不免重复。这一则所讲的道理前面已
经讲过，只不过换了个方式。这里讲处贫和处富的问题。
贫贱并不是耻辱，投人门下献媚投谄才是耻辱。改变人生，
追求富裕是人之常情，但耻辱之事不可做，一做便浑身俗
气，无可救药。富贵，人之所欲，但富贵之后呢？夸耀、
仗势为非、侈靡享乐没有意义，唯有济世之心，行其善道，
用现在的话说是社会责任感，才会真正提升财富的价值。
后面讲做事务实，做学问平正的道理。做大事的人，不要
空谈，实实在在做事，才是可贵的。真正的学问是平实正

大，决不会做超出社会常识、有意以奇怪吸人眼球的事，因为那往往不是真学问。这些道理的背后是儒学特别是理学思想影响的结果，由此我们可以看出，思想的价值并不在于有多么高深，而在于如何影响社会。由宋元以至明清，儒学思想经历了长期的发展，并且向民间广泛传播，本书的很多内容正是在传播儒学思想。中国古代社会通过乡约、家规、祖训、善书以及格言加强了思想的传播，从而将思想深入民间社会，本书就是一个典型的例子。

第三二则

古人比父子为桥梓①，比兄弟为花萼②，比朋友为芝兰③，敦伦者④，当即物穷理也⑤；今人称诸生曰秀才⑥，称贡生曰明经⑦，称举人曰孝廉⑧，为士者，当顾名思义也。

【注释】

①桥梓：又作"乔梓"。用来比喻父子关系。乔、梓，均为木名。乔，即乔木，是一种木本植物，它成长得高大挺拔，主干直立、分枝繁盛。梓，是一种枝干相对矮小而轻软的落叶乔木。《尚书·大传·梓材》："伯禽与康叔见周公，三见而三答之。康叔有骇色，谓伯禽曰：'有商子者，贤人也。与子见之。'乃见商子而问焉。商子曰：'南山之阳有木焉，名桥，二三子往观之。'见桥实高高然而上，反以告商子。商子曰：'桥者，父道也。南山之阴有木

焉,名曰梓,二三子复往观焉。'见梓实晋晋然而
循,反以告商子。商子曰:'梓者,子道也。'"

②花萼:花的组成部分之一,由若干萼片组成,包在
花瓣外面,花开时托着花冠。简称萼。

③芝兰:香草名。《孔子家语》:"与善人居,如入芝兰之
室,久而不闻其香,即与之化之矣;与不善人居,如
入鲍鱼之肆,久而不闻其臭,亦与之化矣。"后用芝
兰比喻朋友,即朋友间相互劝勉,学习各自的长处。

④敦伦:原指古代婚礼的一个环节。相传西周初年,
世风浇薄,婚俗混乱。周公为整饬民风,亲自制礼
教民。周公格外重视婚礼,从男女说亲到嫁娶成
婚,共分纳彩、问名、纳吉、纳征、请期、亲迎、
敦伦七个环节,每个环节都有具体细致的规定,合
称"婚义七礼"。其中的"敦伦",即敦睦夫妇之
伦,含有指导新婚夫妇依礼行事的用意。这里指的
是敦睦人伦。

⑤即物穷理:程朱理学的重要范畴,即根据具体事物
推究其道理。

⑥诸生:原指众儒生。明清时期,经省各级考试录取,
入府、州、县学者称为生员。生员有增生、附生、
廪生、例生等名目,通称诸生。秀才:别称茂才,
原指才之秀者,始见于《管子·小匡》。汉以来成
荐举人才的科目之一。亦曾作为学校生员的专称。
汉武帝元封四年(前107)下诏求贤,云:"其令州
郡察吏民有茂材异等可为将相及使绝国者。"

⑦贡生：科举时代，挑选府、州、县生员（秀才）中成绩或资格优异者，升入京师的国子监读书，称为贡生。意谓以人才贡献给皇帝。明代有岁贡、选贡、恩贡和细贡；清代有恩贡、拔贡、副贡、岁贡、优贡和例贡。清代贡生，别称明经。会试考中进士的贡生被称做贡士，第一名为会元。明经：科举取士的科目之一，始于汉武帝时期，至宋神宗时期废除。被推举者须明习经学，故以"明经"为名。龚遂、翟方进等皆以明经入仕。明经由郡国或公卿推举，被举出后须通过射策以确定等第而得官，如西汉时期的召信臣、王嘉等，皆是因射策中甲科而为郎。汉代设置这一科，为儒生进入仕途提供了渠道。

⑧举人：明朝、清朝称乡试录取者。孝廉：汉武帝时设立的察举任用官员的一种科目，孝廉是"孝顺亲长、廉能正直"的意思。后来"孝廉"这个称呼，也变成明朝、清朝对举人的雅称。

【译文】

古人把父子比喻成桥木和梓木，把兄弟比喻成花和萼，把朋友比喻成芝与兰，所以敦睦人伦的人，应该根据具体事物推究其中和人事相通的道理；现在的人把诸生称做秀才，把贡生叫做明经，把举人称为孝廉，作为读书人，应该在看到这些名称的时候就联想到其中的含义。

【评析】

本书中很多格言经常在一正一反的对比中展开，这一则就是这样。先是正说，在五伦关系中，父子、兄弟、朋友是除君臣、夫妇之外的三伦，这种关系如桥梓、花萼、芝兰，是相互依赖、互相托衬的关系，不可缺少。中国古人最讲人伦关系，认为它是世间一切的起点，理学所谓格物致知，就是要通过对人伦道理的体认而达到最高的伦理境界。读书人是社会精英，当然应该是人伦道德的楷模，故下面一段就从这上面说起。因为现实中，秀才、明经、孝廉已经是功名层级的指称，人们似乎早已忘记了它们本来的含义了。所以作者才将这种常识重新提起，意在告诫有功名的读书人更应该从人伦处做起，莫要辜负了功名的本义。

第三三则

父兄有善行，子弟学之或不肖①；父兄有恶行，子弟学之则无不肖；可知父兄教子弟，必正其身以率之②，无庸徒事言词也③。君子有过行，小人嫉之不能容；君子无过行，小人嫉之亦不能容；可知君子处小人，必平其气以待之，不可稍形激切也④。

【注释】

①不肖：子不像父，不相似。

②率：做榜样，做表率。

③无庸：不需要，不用。徒事言词：仅仅使用言辞。

④激切：激烈直率。《汉书·贾山传》："其言多激切，善指事意，然终不加罚，所以广谏争之路也。"

【译文】

父辈和兄长有好的德行，他们的后代中有人可能学不像；父辈和兄长有恶的德行，他们的后代却没人学不像；由此可知父辈兄长教育后代，必须先端正自身的德行来做表率，不能只停留在言语教导上。君子有过失，小人嫉妒而不能包容；君子没有过失，小人同样嫉妒而不能容忍；由此可以知道君子与小人相处，必须平复自己的情绪来冷静对待，不能表现出激烈直率的言辞和态度。

【评析】

这一则从内外两方面说如何学做一个好人。内的方面主要是家庭或家族教育，父兄将自己好的德行示范于子弟，子弟还有可能学得不好，而将坏的一面示范于人，却很快会被接受，因此要教育好子弟，首先要自己身正言正，不必屡屡以言语教人。外的方面是应世之道，是说入世要小心，特别是学会如何与小人相处。小人好播弄是非，易于嫉妒别人，所以不论是做得太好，还是出现过错，都有可能被小人排挤陷害。怎么办？需要心气平正安闲，对小人唯一的办法是不去惹他，不要刺激他。君子处世讲原则，但遇到小人最麻烦，只好采取退避的办法，这是中国人处世哲学中圆滑的一面。做得不好就变成乡愿，无是无非，也就快成小人了。

第三四则

守身不敢妄为①，恐贻羞于父母②；创业还需深虑，恐贻害于子孙。

【注释】

①守身：爱护自己的身体和节操。

②贻：遗留。

【译文】

洁身自爱不敢胡作非为，唯恐让父母蒙羞；创业还需要深思熟虑，唯恐给子孙留下祸患。

【评析】

人生从某种意义上讲只是一个过程，自己不论做什么都要考虑到上为父母，下为子孙，这样才能长久。对父母要讲孝，最大的孝道是敬，敬的一个方面就是要不让父母蒙羞，所以不能胆大妄为，做出种种非理非法之事。为子孙考虑，在创业选择上，不要太在乎财富，更要行事正大，言语光明，为子孙树立一个好榜样，建立家族良好的声誉，才不会给后代留下祸患。近代以来，中国传统伦理道德处在一个不断解体的过程中，人们更多的是从个体自我的人生境遇来考虑问题，很少有人会考虑父母、子孙，不知此非长久计，问题很多。那些做出不道德或违法之举的人实际上是给父母蒙羞，更大的危害是贻害子孙，正像前面说的，好的榜样不易学，恶的榜样最易影响子孙。那些目中无人、心中无法、作恶多端的年轻人背后就是他们的父母，这是古往今来官员、富家子弟中的普遍现象。

第三五则

无论做何等人，总不可有势利气；无论习何等业，总不可有粗浮心。

【译文】

不管做什么样的人，都不能有以地位、财产区别对待人的恶劣习惯；不管从事什么职业，都不能有粗疏和浮躁的心态。

【评析】

这一则从做人和做事上说。人因出身、教育或占有财富的多少而有不同的社会地位，但不论什么人在做人方面都最忌势利。得意时目中无人，失意时刻意巴结别人，这种人处处可见，总是道德上的缺憾。做事要有敬业精神，不论从事什么职业，总要专注精一，切不可虚浮粗疏，否则一切都做不好。这种浅显的道理中国人一代代说了无数遍，但说得好，还得做得好才行。

第三六则

知道自家是何等身份①，则不敢虚骄矣；想到他日是那样下场，则可以发愤矣。

【注释】

①身份：原指人在社会上的地位、资历等，此处表示一个人的能力和素质。

【译文】

知道自己是什么样的资质，就不敢浮华不实骄傲自大了；想象到将来是什么样的下场，就可以下定决心发愤努力了。

【评析】

这一则是说要对自我有一个准确的评价和认识，如此一来就不会流于虚浮骄傲，忘记自己的身份和本来面目。认清自我，不忘出身并不是说不要奋斗，而是说应该时刻保持戒惧之心，不要得意忘形。奋斗是改变自身及家庭的出路，是要更上一层。普通人最直接的动力来自对未来的观照，多想想不努力的结果和下场，一般情况下人总是会发愤努力的。本书各则所讲没有什么大道理，作者经常从人生常理出发，以生活经验为起点，以儒家思想为中心，形成了人生的基本智慧，用以观照人生，指导人生，因而看起来亲切自然。

第三七则

常人突遭祸患，可决其再兴，心动于警励也①；大家渐及消亡②，难期其复振，势成于因循也③。

【注释】

①警励：告诫勉励。吴兢《贞观政要·纳谏》："臣伏度圣心，必不以为谋虑深长，可委以栋梁之任，将以其无所避忌，欲以警厉群臣。"

②大家：旧指高门贵族，大户人家。

③因循：沿袭，保守。

【译文】

寻常人家突然遭遇灾祸，能拿定主意设法重新振兴，是因为他们心中时常存有警戒和劝勉的原因；高门贵族走向败亡，难以期待他们能再次辉煌，是因为他们已经习惯了沿袭现状而不思进取的缘故。

【评析】

中国古人最重视家族的延续，特别重视家族的繁盛及其传承，而不止是一代的兴盛，因此这方面的表述也非常多。这一则讲大家族易于消亡，正切合了一句老话"君子之泽，五世而斩"（《孟子·离娄下》）。为什么大家族反不如寻常人家，遇到困难祸患可以重新振兴？这是因为大家族的人长期沉溺于富贵之中，失去了勤劳奋斗的品质，不能保持对现实的关注，并时刻警戒自己。话虽说得简单，但做起来并不容易，长期沉溺于富贵享乐所养成的松懈是很难纠正的，自我放纵的结果是无法面对困难。

第三八则

天地无穷期①，生命则有穷期，去一日便少一日；富贵有定数②，学问则无定数，求一分便得一分。

【注释】

①穷期：尽期，完结的时候。韩愈《祭十二郎文》："死而有知，其几何离？其无知，悲不几时，而不悲者无穷期矣！"

②定数：气数，命运。宿命论认为国家的兴亡、人世的祸福皆由天命或某种不可知的力量所决定，因称为"定数。"

【译文】

天地的生命没有尽头，人的生命却有尽期，过去一天就少一天；富贵的家世被命运主宰，学问的多寡却与命运无关，学到一分就多一分。

【评析】

生命有限，学问无限，如何在有限和无限之间获得更丰富的人生体验是所有时代的共同问题。既然生命有限，就需要扩充生命，但延年益寿、长生不老无法解决这个问题，放纵享乐、沉溺富贵也不是出路。最好的办法是追求学问，这里的学问不是指书斋里的学问，指的是百姓日用，即古人讲的事事皆学问。通过学问的养成培育生命，使之具有更丰富、更饱满的精神境界，就可以使自我获得无限的延展。应该说，这是一种积极的人生态度，人生总是要学会取舍，有一得必有一失。在生命有尽的必然性面前，取什么，舍什么呢？这就需要人生智慧，富贵不足以延续生命，反而会戕害生命，长生不老也从未被证明过，作者提出"学问"二字，正体现出人生的智慧。学问是得一分是一分，生命便一分分充满，充满丰富而有智慧的人生便是生命的延续。

第三九则

处事有何定凭？但求此心过得去；立业无论大小，总要此身做得来。

【译文】

处理事务有什么固定的依据呢？只要良心上过得去就好；创立事业不论事业大小，总要自己能力可以达到才行。

【评析】

这一则讲生活的原则和可能性，人生既不能没有原则地生活，也不能自我放大，追求不可能的事情，怎么办呢？古人讲"求放心"，自己能够心安理得即是原则。心安是光明正大的安静平和，不是丧失良知后的无知无畏、胆大妄为。做事也是如此，事业没有大小，过于大的目标其实是很难实现的，只要适合自己的能力。这也是讲心安。这是很普通的道理，但多数人并没有考虑明白，或者追求无法实现的目标，总要成就大事业，但结果可能是一事无成，落得失意不平。或者，现实的无奈促使他们放弃自己的目标，无可奈何地按现实生活，于是胸中便总有不平牢骚。

第四○则

气性不和平①，则文章事功俱无足取②；语言多矫饰③，则人品心术尽属可疑。

【注释】

①气性：气质，性情。韩愈《昌黎集》卷六《猛虎行》："自矜无当对，气性纵以乖。"和平：心平气和。

②文章事功：学问和事业的成就。俱：都，全。

③矫饰：故意做作而掩盖本来面目。

【译文】

一个人的气质性情不能心平气和，那么学问和事业就都不能有所成就；一个人言语谈吐太多造作夸饰，那么人品和心术端正与否就都值得怀疑。

【评析】

心气平和其实是很难达成的人生境界，什么东西都拿得起放得下，不汲汲于成功，亦不无所事事，一切任凭自然。但是，这得是真正的"心平气和"，否则，便容易流于做作，其中的一个方面便是矫饰，为了达成目标而无所不用其极，语言虚浮夸张，游谈无根，矫饰做作，这样的人往往心术不正，人品不高。但这只是人生的一面，其实还有另一面，就是表现得不那么平和，而充满激昂愤慨。历史上有很多仁人义士就不追求心气平和，而是敢于抗争，不怕牺牲。在文学上，韩愈说不平则鸣，欧阳修说穷而后工，都产生了感人的文学。如果在现实面前一味求平和，则有可能流于平庸乡愿。总体上说，作者持一种保身哲学，只求生命安稳，因此往往拿和平、平正说事，忽略了人生还有更高的境界。

第四一则

误用聪明，何若一生守拙①；滥交朋友②，不如终日读书。

【注释】

①守拙：安于愚拙，不学巧伪，不争名利。陶潜《归园田居》诗之一："开荒南野际，守拙归园田。"
②滥：不加选择，过度。

【译文】

把聪明才智用在不该用的地方，怎么比得上一生都安于愚拙；不加选择地乱交朋友，还不如成天在家勤奋读书。

【评析】

这里上句说的"聪明"是小聪明，自以为得势，便洋洋自得，屈居人下时为得到现实利益，毫无人格可言，这样说来，还真是不如做一个守拙之人，安于本分，不随波逐流。守拙是老子哲学，在后世一般意指在现实面前有坚定的道德信念，保持人格完满，不汲汲于名利，不肯将聪明智慧用于争名夺利，而以实现道德人格的完满为人生的终极价值。这样的人在现实面前往往落入失败境地，但中国文化一直对他们充满崇敬，表现出中国文化的博大胸怀和不以事功为重的特点。下句是说交友，作者认为应该慎重，不能滥交朋友。古人说要交有益的朋友，交友不慎，反被朋友误，还不如多读书，从书中领悟人生。只有将读书视作生命一部分的人才能说出这样的话，因为他们的读书不是为了求功名，不是为了单纯地学习知识，而是学习如何了悟人生，如何认识社会，如何有信仰有原则地面对人生，这是滥交朋友所得不到的。

第四二则

看书须放开眼孔，做人要立定脚跟。

【译文】

读书要放开眼界和心胸，做人要坚持原则和立场。

【评析】

古人讲治学读书有两种，一种是为人之学，一种是为已之学。为己之学才是真正的学问，即从学做人开始，学问都是为了自我提升人生境界，寻找安身立命之所，而不是为了现实利益。这样一来，读书就要求放开眼界，从功利上移开去，进入广阔深厚的知识海洋之中，眼界开了，胸怀自然也就扩大。一个人在一生当中会面临各种问题，面对种种诱惑，没有原则，随人脚跟，便会失去人生的意义，陷于利欲之中。只有立定脚跟，才会真正地达到海阔天空的境界。

第四三则

严近乎矜①，然严是正气，矜是乖气②，故持身贵严③，而不可矜。谦似乎谄，然谦是虚心，谄是媚心，故处世贵谦，而不可谄。

【注释】

①严：严谨，庄重。矜：矜持，拘谨。

②乖气：邪恶之气，不正之气。

③持身：立身处世，对自身言行的把握。刘向《说苑·杂言》："怵于待禄，慎于持身。"

【译文】

严谨和矜持看起来类似，但严谨是正气所产生，矜持则是邪恶之气导致，所以立身处世贵在严谨庄重，而不能矜持。谦恭和谄媚看起来相似，但谦恭是虚心的表现，谄媚是奉承的心态，所以处世贵在谦恭，而不能谄媚。

【评析】

做人要严正，一身正气，表面上看起来是矜持，不合于世俗，但唯其如此，才能保持心性纯正。自矜往往是身上乖戾之气的外现，本质上还是心不正或胸怀不广，需要用外在的东西加以掩饰。谦虚、谦和是内心平正的表现，外在地表现为一种处世态度和处世方式。谦虚不是谄媚，要有一个适当的度，否则便流于谄媚。读到此处忽觉得理学讲制欲，即控制人的嗜好情欲是有道理的，放纵的人生往往无所畏惧，往往放荡无止，不受任何限制，而合乎天理的人生需要处处规范自己，限制自己的各种欲望，要小心谨慎，如履薄冰。要保持中庸平和的心态，得正气，避矜气，谦虚而不流于谄媚，真不是容易。

第四四则

财不患其不得，患财得而不能善用其财；禄不患其不来，患禄来而不能无愧其禄。

【译文】

不怕不能拥有财富，怕的是得到财富却不能好好利用；不怕不能享受厚禄，怕的是有了厚禄却不能问心无愧地对待。

【评析】

古人讲君子爱财，取之有道，这里则讲如何用之。财富对个体的诱惑非常大，因为它能够满足人的各种欲望。但当真正拥有财富之后，物质性的要求得到满足之后，还应该有更高尚的追求，故这里讲善用财富。做官也是如此，费尽心机，得一官职，常常连最初的信仰和责任也忘记了，所以最应该担心的是能否做到“不愧其禄”。当然，这里讲“不愧其禄”，还只是在为官最基本的层面上说的，即通过社会管理服务社会，这是最基本的职能。如果连这个都忘记了，就有可能进一步沉沦，变得无所不为，毫无愧耻之心。

第四五则

交朋友增体面，不如交朋友益身心；教子弟求显荣，不如教子弟立品行。

【译文】

通过结交朋友来给自己争面子，不如结交朋友来助益自己的身心；教导后辈追求显贵荣耀，不如教导后辈树立良好的品行。

【评析】

虚荣心是常人最基本的心态，往往表现在两个方面：一个是交友，通过结交权贵、名流提升自己，显示自己的地位，满足自己的虚荣心；另一个是子孙教育，要让自己的后代发达，以获得向别人夸耀的资本。但其实都失去了交友、教子的本来目的，通过交友有益身心，教育子孙品行端正，才应该是最终目的。

第四六则

君子存心^①，但凭忠信，而妇孺皆敬之如神，所以君子落得为君子^②；小人处世，尽设机关^③，而乡党皆避之若鬼，所以小人枉做了小人。

【注释】

①存心：居心，心地。

②落得：乐得，甘于去做。

③机关：计谋，心机。

【译文】

君子的心地，只凭着忠诚守信，即便是妇女孩童都会像敬重神明一样敬重他，因此君子甘于去做君子；小人处世，到处用心机计谋，即便是同乡都会像躲避鬼怪一样躲避他，所以小人白白做了小人。

【评析】

存心忠厚是君子的品性，虽在现实中并不得势，甚至失势，但这样的人会受到社会各个阶层特别是妇女儿童的敬重，这样的人往往才是真君子。小人的特点是机心重，处处算计，但结果可能是让大家避之唯恐不及，到最后仍然是一个小人，想做个伪君子都不行，也很可悲。这是一个文化价值观的问题，中国文化很早就讲君子小人之辨，君子守拙，小人多能，所以小人在现实中能胜君子，但道义的审判不以能不能为标准，而是以忠信与否为依据，因此君子受到人们的尊重，小人永远被唾弃。

第四七则

求个良心管我，留些余地处人。

【译文】

立身处世要用良心来约束自己，与人相处要留余地给别人。

【评析】

这一则很简单，说的是处己与待人的问题。处己要严，凡事皆以是否合乎良心为本，坏了良心的事不做。立身正才能处事明，但对别人要宽容，要容忍别人的处事方式，不一味地以处己的方式要求别人，要给别人留出足够的空间，让他有个回旋余地。这样，人和人才易于相处，不至于处处引起争斗。处己严、待人宽是一种宽厚的处世方式，但这是指在一般性问题上，而不是在原则上，否则就有可能陷入无是无非的境地。

第四八则

一言足以召大祸①，故古人守口如瓶，惟恐其覆坠也②；一行足以玷终身，故古人饬躬若璧③，惟恐有瑕疵也。

【注释】

①召：招惹。在这个意义上召、招通用。

②覆坠：倾覆，衰败。《庄子·德充符》："虽天地覆坠，亦将不与之遗。"

③饬躬若璧：自我修养得像白璧无瑕，毫无污点。饬躬，正己，正身。《汉书·成帝纪》："朕亲饬躬，郊祀上帝。"

【译文】

一句不谨慎的话足够招惹大祸，所以古人守口如瓶，唯恐有倾覆衰败的危险；一次不谨慎的行为足够玷污一生清白，所以古人修身力求如同白璧，唯恐有一丝瑕疵和污点。

【评析】

社会复杂，一言得祸的事很多，要想不陷于是非得失之中，保守别人的秘密是很重要的。这个要求出发点仍然是君子式的忠厚，而不是处于世俗利欲中的小心谨慎，处处不得罪人。这就是中国古人常讲处世之道，有它的两面性，一面是正当的，合乎道德准则的，一面则流于世俗的油滑。下句是讲一个人要为自己的行为负责，不能做有损于品格的事，一有玷污，便终身洗不掉。古人讲的道德境界容不得半点掺杂虚假，这倒不是道德严格主义，而是道德原则主义，原则是不能变的。一个人沾染恶习，处世不当，不能洁身自好，很难想象他会成为一个君子，一个好官员。然而我们的官场文化似乎反过来了，没有原则地彼此照应，孰不知道德上的瑕疵不受约束地发展下去就是放纵，再下去就是违法。道德原则是不能违背的，一旦失去这个底线，后面的事情就很可怕了。

第四九则

颜子之不较①，孟子之自反②，是贤人处横逆之方③；子贡之无谄④，原思之坐弦⑤，是贤人守贫穷之法。

【注释】

①颜子之不较：即颜回胸怀宽广，不计较。出自《论

语·泰伯》："有若无，实若虚，犯而不校。"颜子（前521—前481），名回，字子渊，春秋时期鲁国（今山东曲阜）人。孔子的弟子，好学，安于贫困，在孔门弟子中以德行著称。孔子对他多有称许，甚至以"仁人"相许。历代文人学士对他也无不推尊有加，宋明儒者更好"寻孔、颜乐处"。自汉高帝以颜回配享孔子、祀以太牢，三国魏正始年间将此举定为制度以来，历代统治者封赠有加，无不尊奉颜。事迹见《史记·仲尼弟子列传》。

②孟子之自反：即孟子常自我反省。出自《孟子·离娄下》："有人于此，其待我以横逆，则君子必自反也。"孟子（约前372—前289年），名轲，字子舆，邹（今山东邹城）人，战国时期著名的政治家、思想家和教育家。游历齐、魏、宋、滕等国，主张不被君王采纳，退而与弟子著书立说，被誉为"亚圣"。

③横逆：横暴无理的行为。《孟子·离娄下》："有人于此，其待我以横逆，则君子必自反也。"赵岐注："横逆者，以暴虐之道来加我也。"

④子贡之无谄：即子贡不谄媚。出自《论语·学而》："子贡曰：'贫而无谄，富而无骄，何如？'子曰：'可也。未若贫而乐，富而好礼者也。'"子贡（前520—？），春秋时卫国黎（今河南浚县）人，姓端木，名赐，字子贡，孔子的弟子，能言善辩，善于经商，富至千金。也曾积极参与政治活动，在鲁、卫国为官。事迹见《史记·仲尼弟子列传》。

⑤原思（约前515—?）：春秋时期鲁国人，一说宋国人。字子思，又有原宪、仲宪之称。孔子的弟子，在孔子去世后隐居卫国，事迹见《史记·仲尼弟子列传》。坐弦：安坐弹琴。

【译文】

颜子对待冒犯自己的人胸怀宽广，孟子在被别人拒绝后自我反省，这是有贤德的人与蛮横的人相处的方法；子贡在贫穷时不谄媚，原思在贫困时安坐弹琴，这是有贤德的人对待贫穷的办法。

【评析】

君子在世，有两个问题必须处理好，一是处难，二是处穷，二者都是面对困境的问题。世事艰难复杂，尤其是面对强横不逞的人，最好的办法是对人"犯而不校"，即保持宽厚的胸怀，不与他计较一时之得失。对己"自反"，即时刻操持自我反省的姿态，不陷入争斗之中。做到了这两点，才易于处理好社会中遇到的种种问题。处贫也是个大问题，有人为了生活不惜献媚于人以求资财，也有的人怨天尤人，心怀愤恨。所以这里讲一要"无谄"，保持高洁的品性，二要安于贫困，在贫寒的生活中能够自得其乐，这才是君子德行。学会面对困境是所有人必需的，因为没有一帆风顺、一切顺遂的世界。困境很多，这里概括地分为外内两个方面，处难是外的，处穷是内在的，但归结起来都是由自己的内心决定的。人有什么样的心灵，决定了如何面对困境。如果能够保持平和正大的内在心灵，任何困难都是可以战胜的。

第五○则

观朱霞^①，悟其明丽；观白云，悟其卷舒^②；观山岳，悟其灵奇^③；观河海，悟其浩瀚；则俯仰间皆文章也。对绿竹，得其虚心；对黄华^④，得其晚节^⑤；对松柏，得其本性^⑥；对芝兰^⑦，得其幽芳；则游览处皆师友也。

【注释】

①朱霞：红色云霞。

②卷舒：卷曲舒展。

③灵奇：奇异秀丽。萧统《和上游钟山大爱敬寺》："兹岳信灵奇，嘉木互纷纠。"

④黄华：菊花。

⑤晚节：晚年的节操。《宋书·良吏传·陆徽》："年暨知命，廉尚愈高，冰心与贪流争激，霜情与晚节弥茂。"

⑥本性：固有的性质或个性。刘勰《文心雕龙·事类》："夫姜桂同地，辛在本性；文章由学，能在天资。"

⑦芝兰：芝和兰，都是香草名。

【译文】

观赏红霞，能感悟其中的明净美好；观赏白云，能感悟其中的卷舒自如；观赏山岳，能感悟其中奇异秀丽的景色；观赏河海，能感悟其中广博浩大的气魄；那么即便在一抬头一低头的工夫也无处不是文章。面对绿竹，能领会它们虚心谦逊的品质；面对菊花，能领会它们对晚年节操的重视；面对松柏，能领会它们对固有天性的坚持；面对芝兰，能领会它们清幽芬芳的意旨；那么即便在游览赏玩的地方也无所不是师友。

【评析】

这一则是典型的儒家山水观，源于孔子"智者乐水，仁者乐山"，后世称为比德说，他们将感于物而动的美学理论改造为以比德理论为中心的感物方式，通过选择对特定物的认知，以比附、象征的方式来表达某种对道德、人格境界的追求和阐释。即将外物的某些特征引申到君子品德上去。他们反对单纯的对自然山水的赏玩，认为这会限制人的道德提升，所以这段文字处处讲要从自然中体悟到山水中的各种君子品格。理学主敬、慎独、格物理论在思维方式上与比德说是一致的，即都要通过对外物的体认，达到天理澄澈的境界，其感于物的指向性是明确的，并是规定好了的。所以这里说赏红霞能够悟到自然的明净美丽，观白云可以体悟自然的卷舒自如，山岳之灵奇，河海之浩瀚，绿竹之虚心，菊花之晚节，松柏之挺拔，芝兰之幽芳，这些都有助于感受天地之正气，万物之勃发，体悟万物一体的生命境界，由此进入到更高的精神境界。

第五一则

行善济人①，人遂得以安全，即在我亦为快意②；逞奸谋事③，事难必其稳便，可惜他徒自坏心。

【注释】

①济人：救济和帮助别人。

②快意：心情愉快。

③逞奸谋事：施展奸诈手段来图谋成事。逞，施展，
　显露。

【译文】

发善心做好事帮助别人，别人便能够因此脱离危险，
自己也会感觉心情愉快；施展奸诈手段图谋成事，事情也
难以顺利得逞，可惜白白使坏心做了坏事。

【评析】

做好事与做坏事是人行为中两个可能的发展方向，做
善事既帮助了别人，也使自我感到一种道德提升的快乐。
这句话将"行善济人"的基本心理揭示得很清楚，帮助别
人是外在的结果，提升自我是内在结果。当然，根本原因
还是因为遵从了基本社会道德规范。但做坏事往往很难得
逞，因为事情不会按照他的安排进行，最主要是社会道德
规范会做出判断。道德良知是人类社会维持秩序和自我保
护的基本手段，即使在最混乱的时代，也有能力做出最终
的审判，所以坏人最后只是坏了自己的良心。

第五二则

不镜于水①，而镜于人，则吉凶可鉴也②；不蹶
于山③，而蹶于垤④，则细微宜防也。

【注释】

①镜于水：用水当镜子。

②鉴：观察，审查。

③蹶（jué）：颠仆，跌倒。

④垤（dié）：小土丘。

【译文】

不用水当镜子，而用人当镜子，那么就能观察出事情的吉凶；没在山前跌倒，而在小土堆前面摔倒，那么就应该及早防范带来祸患的细节。

【评析】

每个人的人生，每个时代的人生在本质上区别不大，所以别人的德行言语可以拿来借鉴。以人为镜，可以辨吉凶，以便做出更好的判断，做出适宜的选择。这种人生哲学与以史为鉴的历史哲学有相通之处，强调通过观察、思考，从别人身上学会什么该做，什么不该做。从吉凶的结果上考察，直接而易于接受。但更重要的是承认天理，承认凡事都有原则，否则就有可能将吉凶倒转，专学别人恶行，专学如何在官场立足，如何争权夺利。事有大小，但小事可以为大事提供"前理解"，可以防止发生更大的错误。正所谓大处着眼，小处着力，忽略细微小事，往往导致失败。要学会不因小失大，因为细微处暗示着更大危险。

第五三则

凡事谨守规模①，必不大错；一生但足衣食，便称小康。

【注释】

①规模：规制，格局。

【译文】

处事谨慎地遵循着规矩，必定不会犯大错；一生只要衣暖食足，便能称得上小康。

【评析】

中国古人在道德境界上追求平稳中正，不偏不倚。循规守矩虽然保守，缺乏进取精神，但一般不会大错，当然也做不成大事，却可以保持道德心。不过分追求富贵，满足于简单的生活要求，其实也是一种生活方式。这些对平常人来说应该是很高的做人标准了。这里面当然有保守的一面，但古人认为道德完善才是人生最高目标，不像我们今天对物质满足更看重，所以所谓保守只是我们今天的理解。

第五四则

十分不耐烦，乃为人之大病；一味学吃亏，是处事之良方。

【译文】

总是不耐烦，是做人的大病；一直学吃亏，才是处事的良方。

【评析】

传统的人生观虽然常带有乡愿式无是无非，但好处是教人如何适应社会。这里讲的"不耐烦"是说不要处处以自我为中心，要注意观察和接受别人，否则很容易陷入与社会的对立。这还包含着注重具体，不能贪大图全，凡事要从细小具体处做起。下句讲人要放开胸怀，不斤斤计较，

学会吃亏，就容易与人相处。这是一个十分简单而又普通
的道理，但做起来很难。但事情总是有另一面，一味退让，
其实也是对恶行的纵容，是完全以自我为中心的自私自利
人生观的体现。

第五五则

习读书之业，便当知读书之乐；存为善之心，
不必邀为善之名①。

【注释】

①邀：邀功，求取。

【译文】

把读书当做正事，就应该明白读书的乐趣所在；存有
做善事的心地，不一定要求取为善的名声。

【评析】

这一则是讲读书做人的境界。读书的最高境界是抛开
功利心，能够从读书中获得乐趣。做好事不是为了出名，而
是善心的自然体现。这两点其实都很难，因为对大部分人
来说，读书总是有或多或少的功利目的，真正抛开是很难
的。做好事也会希望得到别人的感谢或社会的承认，这也是
人之常情。这一则之所以这样要求于人，是为了维持道德心
的纯粹，唯其如此，才有可能保持真正意义上的道德完善。

第五六则

知往日所行之非，则学日进矣；见世人可取者

多，则德日进矣。

【译文】

认识到自己以往行为的错误所在，那么学业就会日益长进；见识到自己需要从别人身上学习的地方很多，那么德行就会日益进步。

【评析】

反思是人成熟的标志，经常进行自我反思，有助于进步。这一则讲的是人生境界。人生多变，但如何变？变的目的是什么？"学日进"是说日进于善，离善越来越近，则人生便会更加美好。在这个过程中，思考过去，否定不完善之处，改正不符合道德要求的缺点，才能进步。这是对自己而言。对他人则要换个角度，学会看到别人优点，可以帮助自己提升道德境界。看似简单，但施行起来就难多了。

第五七则

敬他人，即是敬自己；靠自己，胜于靠他人。

【译文】

处处尊重别人，就是尊重自己；凡事依靠自己，胜过依靠别人。

【评析】

这一则从两个方面说，以尊重说自重，借依靠说自立。人能够自尊自立，就可以算做一个真正的社会人了。尊重是社会交往的一般准则，但作者说尊重别人，就是尊重自己，因为交往是对等的，你不尊重别人，别人当然也不会尊重你。自立是社会对个体的基本要求，是进入社会的初阶。凡事靠自己，是说人要自立，并不是凡事与他人无关。人不可抛弃所有的社会关系，作为群体中的个体也必须要依靠群体的力量或他人的帮助，但要学会自立，否则易于养成依靠别人而没有自我的品性。

第五八则

见人善行，多方赞成；见人过举①，多方提醒，此长者待人之道也②。闻人誉言，加意奋勉③；闻人谤语④，加意警惕，此君子修己之功也。

【注释】

①过举：有过失的举动和行为。

②长（zhǎng）者：年龄大且品德高尚的人。

③加意：特别注意，特别用心。奋勉：勤勉振作，发奋努力。

【译文】

看到别人做的好事，要多方面赞成；看到别人行为的过失，要多方面提醒，这就是长者待人的方式。听到别人赞美自己的话，更加用心发奋努力；听到别人批评自己的话，加倍用心警戒自己，这就是君子修身正己的能力。

【评析】

待人忠厚就是要讲道德原则，要做诤友，别人的好事固然要赞扬，过错也要提醒。对自己要严格，听了赞美的话，要更加努力，听了批评的话，要反思自己是否有过错，防止犯错误。也就是对别人要忠厚，对自己要严格，这才是君子。这个道理前面说过，这里只是换个角度再谈，为什么要屡次说呢？因为人生活在这个世界上，无外乎要处理好两层关系，一是如何认识自我，二是如何面对他人。不过这里又多了一个层面，除了对人宽，见人一善即要多加赞美，还要敢于指出别人的过错，才是真正的待人之道，否则算不得真正的朋友。对自己也是如此，一是学会如何面对好话，二是学会直面批评，这也不容易。听到好话表现得谦虚一些，不少人能够做到，听到批评而引起警惕，进而自我反思，却不太容易。

第五九则

奢侈足以败家，悭吝亦足以败家①。奢侈之败家，犹出常情；而悭吝之败家，必遭奇祸。庸愚足以覆事，精明亦足以覆事。庸愚之覆事，犹为小咎；而精明之覆事，必是大凶。

【注释】
①悭吝（qiānlìn）：吝啬，小气。
【译文】
奢侈浪费的行为足以败坏家业，吝啬小气的举动也足以败坏家业。奢侈浪费败坏家业，仍然是寻常的情由；而吝啬败坏家业，必定会遭受意想不到的灾祸。平庸愚钝足以断送事业，精明算计也足以断送事业。平庸愚钝败坏事业，尚且是小过错；但精明算计败坏事业，必定有大凶险。

【评析】

生活奢侈足以败家，这是人们常说的，但悭吝可以败家，却很少有人说过。实际上二者相辅相成，悭吝者与人相处必处处吝啬，与人反成隔阂，自然埋下不和的种子，在遇到真正困难的时候就没人帮助了。愚蠢笨拙足以败事，过分精明也会败事。这是因为精明者处处算计，没有真正的朋友，遇到大祸可能会无法摆脱。中国人讲处世方式真是相当精细，总之，是反对那种只关心自己的人，抛开过分的精明，自然易于与人相处。

第六〇则

种田人，改习尘市生涯①，定为败路；读书人，干与衙门词讼②，便入下流③。

【注释】

①尘市：原指城镇、城市，这里泛指市场上的商务活动。

②干与：参与。词讼：官府的诉讼事务。

③下流：微贱的地位。《管子·立政》："金玉货财之说胜，则爵服下流；观乐玩好之说胜，则奸民在上位。"

【译文】

本来以种田为生的人，转而从事市场上的商业活动，必然是走上了一条衰败之路；本来以读书为主业的人，参与官府衙门的诉讼琐事，就是让自己落入了微贱的地位。

【评析】

这一则是讲人要守本分，各安其命。人在生长过程中已经养成的品格、性情，有时很难抛开。勉强改变自己去适应新的社会生活，有时反而会弄巧成拙，反受其害。作者举了两种人作为例子，种田人多朴实，一旦进入城市，如果染上市井习气，可能会自毁前途。读书人理应专心读书，但明清以来很多读书人求取功名不成，便包揽词讼，交结官府，以替人打官司谋生，不可避免地染上衙门习气，坠入恶流。守本分有两层含义：一是安守本来职业，任何一个职业都在长期的劳动过程中形成一套规范和习尚，渐渐养成风气，安守此风，自然就是守本分；二是守住自己的道德底线，种田者多朴实，经商者多狡诈，一旦相混，朴实坠入狡诈，便是失去了底线。同样，古人认为读书人应以专心读圣贤书为业，反过来结交官府，陷于衙吏之奸猾，便无可救药。

第六一则

常思某人境界不及我①，某人命运不及我，则可以自足矣；常思某人德业胜于我②，某人学问胜于我，则可以自惭矣。

【注释】

①境界：境遇，境况。

②德业：品德和事业。

【译文】

经常想某个人境遇状况比不上自己，某个人命运比不上自己，就能感到自我满足了；经常想某个人品德事业超过自己，某个人学问超过自己，就会感到内心惭愧了。

【评析】

人要知足，就能常乐，不要为自己设立达不到的目标。看看周围，虽然有人生活得好于自己，但更要看到还有很多人不如自己，这样可能就会满足了。这是就物质层面上讲，在精神层面上，则要向上看，对德业、学问胜于自己的人感到惭愧，会促人进步，更上一层楼。这一则很能体现中国文化重内轻外的特点，即重视人的内在心灵和精神境界，轻视外在的财富、地位。中国社会历经磨难，但整体上追求社会和谐，提倡知足常乐，对欲望进行自我限制，依靠的便是这一点。重内可以使人知足，轻外可以使人不过度追求财富。在个体心灵的层面上看，这种退一步和进一步相结合的方式可以较好处理好自我的心理平衡，从而使之不会成为一个社会问题。

第六二则

读《论语》公子荆一章①，富者可以为法②；读《论语》齐景公一章③，贫者可以自兴。舍不得钱，不能为义士；舍不得命，不能为忠臣。

【注释】

①《论语》公子荆一章：出自《论语·子路》："子谓

卫公子荆：善居室。始有，曰：'苟合矣。'少有，曰：'苟完矣。'富有，曰：'苟美矣。'"孔子称赞公子荆擅长治家，而且能够知足常乐。

②法：模式，标准。

③《论语》齐景公一章：出自《论语·季氏》："齐景公有马千驷，死之日，民无德而称焉。伯夷、叔齐饿于首阳之下，民到于今称之。"意即齐景公虽有马千匹，死后却无人称赞；伯夷、叔齐宁愿饿死于首阳山下而不食周粟，但死后却被人们一直颂扬至今。

【译文】

读《论语》公子荆一章，从中可知富裕的人可以效仿公子荆对待财富的态度；读《论语》齐景公一章，从中明白贫穷的人可以从伯夷、叔齐对待穷饿的态度中受到启发。割舍不下钱财的人，不可能成为义士；舍弃不了性命的人，不可能成为忠臣。

【评析】

这些年《论语》热度不减，这是好事，但要知道《论语》不仅是圣人之言，记得几句格言便提升了人生境界；更重要的是要把圣人言语放到具体行事之中，比如学会知足常乐，学会行事以义。富者不要做守财奴，把钱看得太重，不可能成为一个义士；把命看得重，做不了忠臣。所以要时常想一想，金钱和性命是不是要与更高尚、更伟大的事业结合起来，如果连这些都无法舍弃，《论语》是白读了。

第六三则

富贵易生祸端，必忠厚谦恭，才无大患；衣禄原有定数，必节俭简省，乃可久延。

【译文】

富贵荣华容易招来祸患，必须保持忠厚谦恭的态度，才能免除大的祸害；衣食俸禄本来有定数，必须节俭节约，才能保证长久绵延。

【评析】

这些年，很多官员和富人子弟常常会做一些超出社会常理的事，引发了社会的强烈关注。并不是人们有仇富心理，而是不仁不义的富贵引发了人们的反感。真正有境界的人应该内心忠厚，时刻保持谦恭，不要因为拥有财富，便以为可以胡作非为，否则必有奇祸，这样的例子已经太多了。对地位不高的人来说，也不要企羡别人的财富、官位，只要一切从俭，生活依然可以过得自足长久。要不仇富，首先要不羡富。这一则仍是从内外两方面说，富者需要在外在表现上收敛，表现出忠厚谦恭的一面；贫者则要内在地要求自我克制，以节俭补财富的不足。双方都要克制，要自我约束，归结起来都应该具有内在自足的心，只不过应对的方式不同而已。

第六四则

作善降祥，不善降殃，可见尘世之间已分天堂地狱；人同此心，心同此理，可见庸愚之辈不隔圣域贤关^①。

【注释】

①圣域：形容圣人的境界。《汉书·贾捐之传》："臣闻
尧舜，圣之盛也，禹入圣域而不优。"贤关：比喻
进入仕途的门径。《汉书·董仲舒列传》："故养士之
大者，莫大乎大学；太学者，贤士之所关也，教化
之本原也。"

【译文】

做善事的人招来祥瑞福报，做恶事的人招致灾祸，由
此可以看到在尘世人间已经有了天堂和地狱的分别；人人
都有这样的心思，人人的心思都认可这个道理，由此可见
平庸愚鲁之辈和圣人们之间并没有绝对的隔阂。

【评析】

中国人讲道德，也讲鬼神，也有天堂地狱。道德心是
正面的，是从人们的共同信仰来说，鬼神观是反着说，是
针对人们的死亡恐惧说。以善恶来说，不用到死后或鬼神
境界中，就已有了天壤之别，就已有了天堂地狱之别。道
德心建立在人们的共同信仰基础上，即天理。社会危机往
往就在于天理的丧失。在天理面前人人平等，并不以人的
社会地位和智力差异为标准。天理学说是理学思想的精华，
明清以来广泛传播，直至今日，我们还经常将天理挂在口
头，可见思想的力量。对社会而言，思想的力量并不在于
思理的严密和见解的深刻，而在于为社会提供一个基本价
值学说，可以说理学做到了。

第六五则

和平处事，勿矫俗以为高①；正直居心，勿设机以为智②。

【注释】

①矫俗：故意违俗立异。

②设机：使用心机。《清史稿·睿忠亲王多尔衮传》："自明季祸乱，刁风日竞，设机构讼，败俗伤财，心窃痛之！"

【译文】

要和善稳妥地处理事务，不能把故意违俗立异当做高明手段；要保持正直公平的心态，不能把使用心机当做聪明才智。

【评析】

平和正直之心是做人处世的关键，失去此心，便会流于矫饰，便会流于机心。一旦如此，便失却良知。做人要正，设心要正，都是从这个道理上说。这一则将平和与正直放在一起说，向我们揭示了这样一个道理，即心正才能心平。矫诈饰伪与机巧多变在古人看来只是小智，而且多是心不正的结果，如果我们今天将这些视为聪明、智慧，只能说明我们今天的文化出了问题。

第六六则

君子以名教为乐①，岂如嵇阮之逾闲②；圣人以悲悯为心③，不取沮溺之忘世④。

【注释】

①名教：指以正名定分为中心的封建礼教，即儒教的别称。

②嵇（jī）阮之逾闲：指三国时，蔑视礼教的嵇康、阮籍越出法度之外。嵇康（223—262），字叔夜，三国时期魏国谯郡铚县（今安徽宿州西）人。著名思想家、音乐家、文学家。正始末年与阮籍等竹林名士共倡玄学新风，丰神俊逸，博雅多闻，崇尚老庄，为竹林七贤的精神领袖。曾娶曹操曾孙女，官曹魏中散大夫，世称嵇中散。后因得罪钟会，为其构陷，而被司马昭处死。事迹见《晋书》。阮籍（210—263），字嗣宗，三国魏陈留尉氏（今属河南）人。是建安七子之一阮瑀的儿子。诗人。曾任步兵校尉，世称阮步兵。善弹琴，能长啸，崇奉老庄之学，政治上则采谨慎避祸的态度。竹林七贤之一。逾闲，越出法度。《论语·子张》："子夏曰：'大德不逾闲，小德出入可也。'"

③悲悯：感同身受的哀伤与同情。

④沮溺：长沮、桀溺，泛指隐士。钱穆《论语新解》："（长沮、桀溺）两隐者，姓名不传。长沮，传说中春秋时楚国的隐士。桀溺，春秋时隐者。亦泛指隐士。"

【译文】

君子把遵奉儒家名教当做乐事，怎能像阮籍、嵇康那样放荡悠闲得超出了法度；圣人把感同身受的悲悯作为良心，不学长沮、桀溺那样做了隐士而忘掉自己在世间的责任。

【评析】

这里说的话不免让人不快，因为它完全从道德严格主义的角度来论世。实际上，社会是复杂的，也应该允许人们在乱世中选择自我的生存方式，不能完全依照道德准则来要求所有的人。尤其是当道德已经在现实中被彻底破坏，已经陷于虚伪化境地的时候，反道德的种种行为是有存在的空间的，也将对虚伪化道德产生冲击。实际上，中国古代社会并非一切严格地按道德律令，而是允许可以逾越界限，如嵇康、阮籍式的狂放逾度，长沮、桀溺作为隐士也长期受人们的尊重。

令人不快的原因很明显，作者一方面以严格的道德主义面目出现，另一方面又表现出乡愿式的自保态度，因而陷入庸劣的精神境地。一种文化应该是道德的，即建立在道德精神基础上；另一个方面这个文化也应该是开放的，允许甚至同情、赞同某些不同于主流道德取向的思想和行为存在，为虚伪化道德世界提供一点精神的光芒。实际上，中国文化就是这样的，因而历史上人们对嵇康、阮籍、长沮、桀溺都抱着同情、赞美的态度，很少表现出这种僵化的态度。

第六七则

纵子孙偷安①，其后必至耽酒色而败门庭②；教子孙谋利，其后必至争赀财而伤骨肉③。

【注释】

①偷安：不顾将来的祸患，只图眼前的安逸。贾谊《新书·数宁》："夫抱火厝之积薪之下而寝其上，火未及燃，因谓之安，偷安者也。"

②耽：沉湎于。门庭：指家庭或门第。

③赀（zī）财：钱财，财物。

【译文】

纵容子孙后辈们只图眼前安逸，必然会导致后辈们沉湎于酒色而败坏门第家风；教育子孙后辈们只谋取利益，必然会导致后辈们争夺钱财而伤害骨肉亲情。

【评析】

"生于忧患，死于安乐"是典型的道德格言，但说得切切实实。成年人如此，对年轻人特别是生于富贵之家的年轻人更是如此。过度沉溺于逸乐，往往流于狗马声色、饮酒纵欲，最终败坏家业。因为年轻人很难自我把持，严格要求有时是必需的。教育子弟也是如此，过分讲求利益，一切以利益为中心，必将至于争夺财产，伤了骨肉亲情，因为人生入门处便错了。就基本人性而言，理学看得是很透的，克制欲望，主张君子以道不以利，就是针对人性的劣根性而提出的主张。

第六八则

谨守父兄教诲，沉实谦恭，便是醇潜子弟①；不改祖宗成法②，忠厚勤俭，定为悠久人家。

【注释】

①醇（chún）潜：淳厚而深沉。

②成法：原先的法令制度，老规矩，老方法。朱锡

《幽梦续影》："民情要按民实求，拘不得成法。"

【译文】

严格遵循父兄的教导，诚实谦恭，就是醇厚深沉的子弟；不改变祖宗的老规矩，忠厚勤俭，一定是绵长不衰的人家。

【评析】

要想守住家业就要听父兄教诲，表现出沉稳谦恭的态度，这是做人最关键的地方。同时，要忠厚老成，勤俭持家，这是家业延续的开端。这里所说的都是处世之道，正面讲是沉稳实在，是忠厚勤俭，反面讲则是不放纵自我，过分放纵的人会陷于张狂自大，奢侈糜烂。这一则与前面讲的内容相同，着眼点不同，这一则着眼于家族的延续，主张培养醇厚沉稳的品性，表现为忠厚勤俭。

第六九则

莲朝开而暮合，至不能合，则将落矣，富贵而无收敛意者①，尚其鉴之②。草春荣而冬枯，至于极枯，则又生矣，困穷而有振兴志者，亦如是也。

【注释】

①收敛：约束身心。《汉书·陈汤传》："陈汤傲荡，不自收敛，卒用困穷，议者闵之。"

②尚其鉴之：希望以之为鉴。

【译文】

莲花早上盛开傍晚就闭合，到了不能闭合的时候，就即将凋谢了，家中富贵却始终没有约束身心的意向的人，希望能从莲花开落的道理中受到启发。草木春天繁荣而冬天枯萎，到了枯萎的终极，就又会重生，家境穷困却有振兴家族的志气的人，也一样可以借鉴草木枯荣的道理。

【评析】

祸福相倚的道理老子早就讲过，贫富转化即是其中一例。富贵有尽时，不会永远富下去，贫寒之家也不会永远贫困，只要努力总有出头之日。这是符合自然规律的，就如花开花落，冬枯春荣，一切都很自然。人生能够悟得这个道理，便进了一步。

第七〇则

伐字从戈，矜字从矛，自伐自矜者①，可为大戒②；仁字从人，义字从我，讲仁讲义者，不必远求。

【注释】

①自伐：自夸其功。自矜：自负，自尊自大。《老子》："自伐者无功，自矜者不长。"

②大戒：重要的鉴戒。袁宏《后汉纪·章帝纪》："秦以酷急亡，王莽亦以苛法自灭，臣以为大戒。"

【译文】

"伐"字中有"戈"，"矜"字中有"矛"，自负自夸的人，要把这其中兵器凶杀的暗示作为重要的鉴戒；"仁"字中有"人"，"义（義）"字中有"我"，讲求仁爱孝义的人，没必要忽略自己和身边的人却到很远的地方去探求。

【评析】

自夸自大的人往往陷于困难境地，而自己却不知，因为矜夸易于树敌，陷入争执之中，便危险了。仁义道德是对自我的要求，看看自己做得如何，是否符合仁义精神，便是对仁义最方便的理解。这一则用的是解字法，是世俗的一种言说方式，不是文字学意义上的解字，只是为了表达某种意思而设计的，没有什么深意。

第七一则

家纵贫寒，也须留读书种子①；人虽富贵，不可忘稼穑艰辛②。

【注释】

①读书种子：指在文化上能承前启后的读书人。《明史·方孝孺传》："城下之日，彼必不降，幸勿杀之。杀孝孺，天下读书种子绝矣。"

②稼穑（jiàsè）：种植与收割，泛指农业劳动。《诗经·魏风·伐檀》："不稼不穑，胡取禾三百廛兮？"

【译文】

纵然是家境贫寒，也一定要确保有能传承文化的读书人；即便是家境富贵，也不能忘掉耕作劳动的艰难辛苦。

中国古代一直视读书为家族传承的重要方式，唯有读书方可保证家业的传续。同时，读书还可以培养高尚的情操，从某种意义讲，这也是家族传承的根本保证。生活贫寒，但必须保留读书种子，这里正是从这两方面的意义上说。富贵是众人所希望的，但富贵之后多会忘记劳作的艰辛，这是过去我们讲的忘本。忘本之人很难有什么大作为，正是因为不能在富贵面前保持本色，只是沉溺于享乐，没有更高的理想追求。

第七二则

俭可养廉，觉茅舍竹篱，自饶清趣①；静能生悟，即鸟啼花落，都是化机②。一生快活皆庸福③，万种艰辛出伟人。

【注释】

①饶：富有。清趣：清雅的情趣。

②化机：造化的奥秘。陈廷焯《白雨斋词话》卷七："此词亦非正声，然其中有一片化机，未可浅视。"

③庸福：平凡人的福气。

【译文】

勤俭可以培养人的廉洁品性，有了这种品性，即便是简陋的茅屋竹篱也会富有清雅情趣；静心能生发人的悟性，有这种悟性在，即便是简单的鸟啼花落也都蕴藏着造化的美妙机巧。一生都快活只是属于平凡人的福气，千万种艰辛磨难才是铸就伟人的方式。

【评析】

俭朴宁静的品格之所以可贵，是因为其中包含了安贫乐道，进而体悟到生命意义的可能性。历史上的理学家就多有这种品性，如明代的陈献章多次拒绝举荐，不愿出来应世为官，因为这会妨碍他去体认天理。退一步讲，俭朴的生活可保持廉洁自好的品格，不追求欲望放纵的强烈刺激，能从简单的生活中发现生活的乐趣，如文中所说清趣。宁静的生活易于使人有体悟生命的可能，在凡俗的生活中发现生命的"化机"，从而引出超越精神。最后一句是告诫人们生活的快乐其实源自平庸的生活，只有经历过生活磨难并能在其中提升自己的人才能成就伟大事业，这种认识在任何时代都有对沉溺富贵享乐的反拨作用。

第七三则

济世虽乏资财①，而存心方便②，即称长者③；生资虽少智慧④，而虑事精详，即是能人。

【注释】

①资财：钱财物资。《管子·轻重丁》："功臣之家皆争发其积藏，出其资财，以予其远近兄弟。"

②存心方便：心中想着便利别人。

③长者：德行、名望都高的人。

④生资：天资，天赋。

【译文】

去接济救助别人虽然缺乏钱财物资，但是心中想着帮助别人的人，就称得上是长者；天资虽然没有非凡的智慧，但是考虑事情精细周密的人，就算得上是能人。

【评析】

大多数人都是平庸的，既没有钱财，也没有什么智慧，但这并不妨碍人们成为一个忠厚长者，或社会上所谓"能人"。这就要求人有为别人着想的胸怀，虽不能在钱财上帮助别人，但宅心仁厚，即可称长者。就好比做善事，现在叫做慈善，并不见得只是那些富人做，一般人其实也可以做。甚至在不可能的前提下，只要心存善念，也仍不失为一个善良的人。智慧不是人人具有的，一般人也仅止于有相应能力的地步，但事事考虑精详，也可以成为能人，即对社会有用的人。这段文字中的"方便"、"能人"二词都与我们现在的用法不同。利用权力、使用手段帮助别人同时为自己谋利现在称"方便"，"能人"则差不多专指有各种社会关系的人，他们也善于处理复杂的事，考虑细致，但出发点却是谋取利益，这是与古人所讲不同之处。

第七四则

一室闲居，必常怀振卓心^①，才有生气^②；同人聚处，须多说切直话^③，方见古风^④。

【注释】

①振卓：振兴奋发。

②生气：活力，生命力，生机。龚自珍《病梅馆记》："夭其稚枝，锄其直，遏其生气。"

③切直话：极其正直、恳切的话。

④古风：古代贤人的风范。

【译文】

独自闲居在一室之内，必须常常怀有振兴奋发的心志，才能富有生命力；和别人相聚居住，需要多说正直恳切的话，才能体现出古代贤人具备的风范。

【评析】

这一则是讲如何自处，如何与人相处的。自处最应防止陷于消沉的精神状态之中，要有大胸怀，生活才会有生气。与人相处，既不要投其所好，溜须拍马，也不要不顾别人，只求自保，要真实直率，不拐弯抹角，说话要切直。在现代社会中，自处易于孤僻消沉已经带有普遍性，如何改变这种状态，社会心理学家自有见解，但根本上还是要提升自己的精神境界，有更远大的精神追求，才能保持良好的开放的精神状态。与人相处流于虚伪，在某些人是自保的手段，在另一些人则是求利的方法，已经很少有古风了，令人徒叹奈何。

第七五则

观周公之不骄不吝①，有才何可自矜②；观颜子之若无若虚③，为学岂容自足。门户之衰④，总由于子孙之骄惰；风俗之坏，多起于富贵之奢淫。

【注释】

①周公：周文王姬昌第四子，亦称叔旦。因封地在周（今陕西宝鸡岐山北），故称周公或周公旦。为西周初期杰出的政治家、军事家和思想家，被尊为儒学奠基人，孔子一生最崇敬的古代圣人之一。曾辅佐武王灭纣。武王死后，成王年幼，周公辅政，平息管叔、蔡叔、武庚的叛乱。不骄不吝：不骄狂，不鄙吝。

②自矜：自夸。

③颜子（前521—前481）：即颜回。他十四岁即拜孔子为师，此后终生师事之。若无若虚：虚怀若谷，有才能不张扬，有德行不炫耀。《论语·泰伯》："有若无，实若虚，犯而不校。"

④门户：门第，指家庭在社会上的地位等级。徐陵《答诸求官人书》："门户虽高，官资殊屈。"

【译文】

看到连周公这样的贤人都不骄狂不鄙吝，有才的平凡人又有什么值得自夸自负；看到连颜回这样的贤人都不张扬不炫耀，平凡人做学问又怎么能够自满自足。家世门第的衰败，总是因为子孙们的骄傲怠惰；世俗风气的败坏，大多源于富贵人家的奢侈淫靡。

【评析】

骄狂鄙陋是做人大忌，一旦陷入这种境界，人将一无是处。我们不能将这种品格与文人式的孤傲混为一谈，孤傲者往往不守礼法，但骨子里是对现实的不满；而骄狂易于目中无人，贪横不法。鄙陋更是人性的最大不幸，处在人性中最低等的位置，一旦陷于鄙陋，就失去了改变的可能，人生便彻底沉沦了。故文中切切叮嘱，不论是做人处世，治学问思，还是教养子孙，甚至社会风俗都与此有关。

第七六则

孝子忠臣，是天地正气所钟①，鬼神亦为之呵护②；圣经贤传③，乃古今命脉所系，人物悉赖以裁成④。

【注释】

①钟：聚集，汇集。

②呵护：神灵庇佑，保护。

③圣经贤传：圣贤所传下来的经典著作和有权威性的论述作品。韩愈《答殷侍御书》："圣经贤传，屏而不省，要妙之义，无自而寻。"

④人物：被认为有突出贡献或显著特性的人。苏轼《念奴娇·赤壁怀古》："大江东去，浪淘尽，千古风流人物。"

【译文】

孝子和忠臣，是天地之间刚正之气汇集而成，连鬼神都在保护他们；圣贤的经传，维系着古今几千年历史文化的命脉，很多杰出人物都是这些经传所指引造就。

【评析】

忠孝二字是中国古代道德伦理的中心，是支撑起和谐社会的主要支柱，是天地正气所钟。反之，失去忠孝，便流为逆子叛臣，危害社会，是所谓邪气。圣经贤传即古代的五经、四书及历代学术经典，是古代知识系统的中心，中国文化得以维系至今，经传起到了重要作用。二者之中，圣经贤传是中心，忠孝节义包含在其中，人可以通过学习、体悟圣贤之书达到忠孝境界。

第七七则

饱暖人所共羡①。然使享一生饱暖，而气昏志惰②，岂足有为？饥寒人所不甘。然必带几分饥寒，则神紧骨坚③，乃能任事④。

【注释】

①共羡：共同羡慕。

②气昏志惰：意志昏沉，心志怠惰。

③神紧骨坚：精神抖擞，意志坚强。

④任事：担任大事。

【译文】

衣暖食饱被大家所共同羡慕。但如果一生都在饱暖中享受，人就会变得昏沉怠惰，能有什么大的作为呢？饥寒交迫是大家所不愿承受的。但必须在带有几分饥寒的生活里，人才会清醒坚毅，然后才能够担当大事。

【评析】

古人对"生于忧患，死于安乐"的道理认识最深，这是中国文化中最普通的一个道德命题。孟子说："天将降大任于斯人也，必先苦其心志，劳其筋骨，饿其体肤，空乏其身，行拂乱其所为，所以动心忍性，增益其所不能。"即是说有思想、做大事的人要经历一系列的磨难去锻炼意志。而骄纵享乐的人由于沉溺欲望之中，必将气息昏乱，意志怠惰，无法成就什么大事。当然，人都不愿意忍受饥寒，但经受了饥寒磨炼的人才能干成大事，这也已经为历史所证明。

第七八则

愁烦中具潇洒襟怀①，满抱皆春风和气②；暗昧处见光明世界③，此心即白日青天④。

【注释】

①襟怀：胸怀，怀抱。高攀龙《与揭阳诸生书》："意念高远，襟怀洒落。"

②春风和气：比喻对人态度和蔼可亲。王若虚《〈论语辨惑〉总论》："学者一以春风和气期之，凡忿疾讥斥之辞必周遮护讳而为之说。"

③暗昧：昏暗，隐晦不明。王充《论衡·谢短》："上古久远，其事暗昧，故经不载而师不说也。"

④白日青天：白天，光明。杨万里《题太和宰卓士真寄新刻〈山谷快阁诗真迹〉》："太史留题快阁诗，旧碑未必是真题。六丁搜出严家墨，白日青天横紫蜺。"

【译文】

人在忧愁烦闷中如果能具备潇洒磊落的胸襟，那么心中就会充满对人和蔼可亲的态度；人在昏暗不明的环境中如果还能看到光明的一面，那么心中就会有无限的宽阔明亮。

【评析】

襟怀洒脱是一种很高的精神境界，无论是面对艰难困苦，还是政治斗争，都应该具有这种情怀。唯其如此，才能超越现实的利益得失，达到超然的人生境界。这与孟子所说浩然之气不同，它是从超脱进入，达到既不执着，也不受现实束缚的生命境界。进入到这种生命境界，便随处皆可体悟到生命的美好，如沐春风。当然，这还只是人生境界的一种，还不能算是最高境界。忧愁恐惧是一种折磨人的精神状态，暗淡无光的人生更是可怕，所以人必须学会在困苦中克服忧愁恐惧，在黑暗中看到光明，但这并不是简单的精神调解能够做到的，需要有一种超然的境界，外在的表现就是洒脱，内在的则是心灵的淡然宁静。

第七九则

势利人装腔作调，都只在体面上铺张①，可知其百为皆假；虚浮人指东画西，全不问身心内打算，定卜其一事无成。

【注释】

①体面：面子，表面。

【译文】

势利的人装腔作调地讨好别人，都只是在面子上的表演，要知道他们所有表现和行为都是虚假的；虚浮的人指东画西地出谋划策，完全不问自己内心的打算，可以料定他们不能成就任何事业。

【评析】

对人要实，不以贫贱富贵看人，对己则要遵循本心，切实体悟到生命的意义和价值。实的反面是势利，只看别人对自己有没有用，所以各种表现都是刻意的、铺张的，一望而知为虚假。假是人性的大敌，一假则无所不为，万劫不复。更可悲的是全无见识，一生不曾寻得安身立命之处，只是随处漂浮，表面上指东道西，头头是道，实则胸中空空，这样的人怎么能成大事？假和虚是人生大忌，一入于此，便陷于卑劣，无足成事。这是再普通不过的道理，但现实中却往往是假和虚太多。如此看来，本书中所讲的做人的道理，其实都是因为现实的缺乏，因而作者不厌其烦地提倡正面的、高尚的品格。

第八〇则

不忮不求①，可想见光明境界②；勿忘勿助③，是形容涵养功夫。

【注释】

①不忮（zhì）不求：不嫉恨不贪求。《诗经·邶风·雄雉》："不忮不求，何用不臧。"忮，嫉妒。

②想见：推想而知。

③勿忘勿助：即在自我修养的过程中不能忘记逐渐积

聚起来的正面力量，也不能急于求成。《孟子·公孙丑上》："必有事焉而勿正，心勿忘，勿助长也。"

【译文】

看到别人努力取得的成就却不嫉恨、不贪求，就能够渐渐接近光明无私的境界；在自我修养过程中不忘积累的道义，不急于求成，这就体现了人不懈地积蓄内在涵养的能力。

【评析】

儒家最重视涵养功夫，讲求在长期的自我修养过程中不断反省，保持人性中向善的一面。同时，也认为体认天理、良知是一个自然过程，不可急于求成。这是对己而言，对他人则应保持一种光明无私的品格，对他们的善要赞美，对他们成功要推扬，不能有丝毫嫉妒贪求心理。二者都可以归入道德涵养之境，"不忮不求"是道德涵养的外在表现，呈现为光明正大的品格。

第八一则

数虽有定①，而君子但求其理②，理既得，数亦难违；变固宜防，而君子但守其常③，常无失，变亦能御。

【注释】

①数：气数，命运。

②理：道理，法则。

③常：恒久不变的规律。《周易·系辞上》："动静有

常，刚柔断矣。"

【译文】

命运中有的东西虽然无法改变，但君子只寻求其中稳定不变的规则，通晓之后，会发现命运也无法摆脱规则的约束；命运中诸多变化虽然应该有所防备，但君子只守护其中恒久不变的规律，规律不遗失，会发现那些变化也可以通过对规律的掌握来抵御。

【评析】

在中国人的精神世界中，有两个东西最为突出，一是天命论，相信一切命中注定，人生应该安于天命，顺从天命；二是天理论，相信一切皆源于天理，世间万物都是天理的体现。理学主张天理，天理是本体，而天命论则渐沦于世俗信仰，失去了本体性支撑。因此，这里一方面承认命数有定，但通过求理，虽然未说可以通晓天命，但天命也在天理之中。这是理性化思维战胜不可知论的一面。另外，文中谈到的"常"、"变"也很受人们关注，因为世界是变化莫测的，如何应对变化的世界呢？一种办法是循变化轨迹行动，并且逐渐适应它，一种办法是求一定之规，只要守住恒久不变的根本，万事万物的"变"其实也都不超出人们的意料。但后者需要坚定的信仰和通达透彻的精神境界，才能表现出守常待变的处世之方，否则便很容易随波逐流。

第八二则

和为祥气，骄为衰气，相人者不难以一望而知①；

善是吉星，恶是凶星，推命者岂必因五行而定②？

【注释】

①相人者：给人看相测命的人。

②推命者：给人推算命运的人。五行：我国古代的一种物质观。古人认为金、木、水、火、土是构成各种物质的五种基本要素，他们的相生相克可以解释世界万物的起源和变化。相生即金生水、水生木、木生火、火生土、土生金；相克即金克木、木克土、土克水、水克火、火克金。战国时期又出现五行"相生相胜"的理论，相生即指水、火、木、金、土相互促进；相胜即指水、火、木、金、土相互排斥。这种具有朴素唯物主义和辩证法的观点在古代中国哲学中占有重要地位，对古代中国社会影响巨大。

【译文】

为人和善是吉祥气象的预兆，为人骄傲是衰败气象的预兆，给人看相的人不难一看就知晓；人做善事便会有吉祥的星象照临，人有恶行便会有凶杀的星象照临，给人推算命运的人又何必一定要按照五行的规律来断定？

【评析】

人生的经验多从处世识人处来，识人是关键，只有识人，才能很好地应世，所以人们发明了一些办法去识别人的善恶，如相面、算命等江湖手法。这虽然简单，却很难真正做到识人，因为人的各种行为、举止、言语都无法通过相面、算命看透，这些都要靠平时接触时的体察。和善与骄恶便都可以在此基础上识别。相面、占卜、算命一类活动作为人类早期的知识构成有其合理性，通过神秘的方术来认识人是各种文化都具有的。这种神秘主义的方法后来逐渐沦为民间知识，却在中国社会有着顽强的生命力。儒学作为理性的学说对此一直是排斥的，主张通过对人的言行观察来判断和了解认识一个人，具有理性和科学的一面。故作者在这里用儒学思想来排斥相面、算命，自有其合理性，也有说服力。但是人总是趋于相信神秘的东西，对理性的认识是拒绝的，尤其在面对自身时更易于相信神秘的东西。

第八三则

人生不可安闲，有恒业^①，才足收放心^②；日用必须简省，杜奢端^③，即以昭俭德^④。

【注释】

①恒业：稳定的产业。

②收放心：收回放任的心思和念头。放心，任性放荡的想法和念头。

③杜奢端：杜绝奢侈的苗头。

④昭俭德：显示俭朴的美德。

【译文】

人生在世不能满足于闲适安逸，有了稳定的产业，才能够收敛放任自己安于闲适的心思；日常生活花费必须节俭，杜绝了奢侈的苗头，便可以显扬俭朴的传统美德。

【评析】

在物质相对贫乏的古代社会，要想生存并且生活得不错，一要有稳定的产业，二要靠俭朴的生活方式。恒业对贫穷的人来说相当不易，对富贵之人则相对容易，但富人易变得闲散，追求安逸生活，往往无法保持恒业。穷人必须节俭，富人节俭则相当不易，要做到真正杜绝奢侈很难，故这里只提可能的实施办法，即简省，凡事求简易简单，则一切皆可省去。现代社会是消费型社会，恒业是保证消费的根本，问题是如何保持恒业。奢侈是现代社会通病，特别是地位商品消费，如穿名牌、开名车、讲求排场等等都是侈靡生活的表现方式，节俭已不是美德。所以这一条尤其有现实意义。

第八四则

成大事功，全仗着秤心斗胆①；有真气节，才算得铁面铜头②。

【注释】

①秤心斗胆：心坚定如秤砣，胆大如斗。比喻意志坚定，胆识过人。

②铁面铜头：面目坚硬如铁，头颅坚硬如铜。比喻公正严明，不畏权势。

【译文】

能成就大事业，立下大功劳的人，全要倚仗坚定的意志和过人的胆识；真正有不屈不挠气节的人，才算得上是公正严明，不畏权势。

【评析】

中国文化有四大要素：道德、政事、文章、气节。道德是根本，是圣贤境界；政事是实用，可以通过政治活动、具体治理达到；文章既有对二者的依附，也自有独立价值；气节则是道德充实完满，品格高尚的产物，表现为政治上的勇气和坚持，甚至不惜牺牲生命。在这四大要素中，政事也称事功，但二者又有所不同，事功指的是真正有所成就，甚至专指成就大事，政事则当上高官都可以称之。事功是非常重要的，但要有坚定的意志和过人的胆识。真气节当然不是官场中的滑头自保，要求做到公正严明，尤其是不惧权势，这更不容易。所以历来有气节的人都往往是官场的失败者。由此，我们可以看出，中国文化中对事功和气节的推崇表现了中国文化中现实和理想的一面，现实要求必须有所成就，同时，还要有气节，则是理想化的要求，一个没有气节的人很难有真成就。

第八五则

但责己，不责人，此远怨之道也；但信己，不信人，此取败之由也。

【译文】

凡事遇到过失只责备自己，不怨恨别人，这就是远离怨恨的方法；遇到事情自以为是，不相信别人的建议，这就是自取败亡的缘由。

【评析】

古人强调在处理人我关系时，要表现出严于责己，轻于责人的态度，这样就容易处理好人际关系。这是有道理的，处处体察别人，多给别人一些面子，就可以远离怨恨，不惹是非。真正做事，只随自己心思，由自己做出决定，不肯相信别人，也会造成失败。听不进别人意见，固执己见，其实是人之常情，但往往易于败事。所以要学会责己严，责人宽，不唯己，多信人。前者是从消极层面上说的，要想成就事业，远离无畏的现实争斗十分重要；后者是从积极层面上说的，克服过度自信，听信别人的话很难，而真正能够有所成就，听取别人意见是相当重要的，尤其在政治活动当中。

第八六则

无执滞心①，才是通方士②；有做作气③，便非本色人④。

【注释】

①执滞：固执，偏执。

②通方士：通达事理的方正之人。

③做作气：矫揉造作的习气。

④本色人：本来面目的人。

【译文】

没有偏执心态，才是通达事理的方正之人；有矫揉造作的习气，就不是秉持本色的真纯之人。

【评析】

古人讲破除我执，即是这里说的"执滞心"，是达到更高人生境界的重要一步。执滞心指固执地抓住不放，即使不可能或不具备条件也要得到，这样的人往往表现出顽强、固执的性格特征。往好的一面说是知其不可为而为之，往坏的一面说则是泥执沉溺其中，常常败坏自我。同时，做人切忌矫揉造作，因为这是丧失本真的表现。人一旦失却本来面目，便无可救药。所以，社会生活中的自我既要破除我执，又要保持本真，是非常艰难的，而且也很难把握分寸。但唯其如此，才能成为一个成熟的人。

第八七则

耳目口鼻，皆无知识之辈，全靠着心作主人；身体发肤，总有毁坏之时，要留个名称后世。

【译文】

眼睛、耳朵、嘴巴、鼻子，都是不能思维的器官，他们都要仰仗人心和头脑来支配；身体、四肢、毛发和肌肤，总有毁坏的时候，一定要留个好的名声给后世才会不朽。

【评析】

中国古人认为心是思维器官，主管人的思维活动，其他皆为心的附属物，为心所支配。心分天理之心、人心，人须体认天理并按天理行事，而人心则受欲望支配。这里所说的心应该就是天理之心，在此心之下，耳目口鼻都受到天理的支配，不会放纵欲望，即指人不要被血肉器官支配。生死是人生必然，血肉之躯总要归于尘土，那么生命的价值何在呢？生命是过程物，不是永恒的，永恒的是名声，唯有那些圣贤英雄才会在历史留名，这才应该是生命应有的价值。

第八八则

有生资，不加学力^①，气质究难化也；慎大德，不矜细行^②，形迹终可疑也。

【注释】

①学力：学习的功夫。

②不矜细行：不注意言行的细节。

【译文】

一个人即使有很好的天赋，如果没有经过努力学习，身上的气质也终究难以产生相应的改善；一个人只在德行大的方面谨慎，却不注意言谈举止的细节，一举一动终究也很值得怀疑。

【评析】

每个人的资性天分不同，有天分高的，有天分低的，但并不是只有天分高的人能成就事业，通过努力学习，是可以改变气质即天分的。变化气质是理学思想的中心话题之一，人只有通过体认天理，去除血气之知和物质欲望，才能改变气质。这里所说气质并非理学上的，而是生活中的，不过，由此亦可看出理学对社会的影响。大德细行是相辅相成的，讲大德而不顾细行小节，仍是未能体悟到生命的最高境界。更何况还有很多人以此来掩饰大德之亏，弄虚作假。以小节缺失来掩盖德性缺乏，终归会引起人们的怀疑，是不能长久的。这类人社会上很多，正所谓道德虚伪化。揭露的方式也很简单，从他们的言行不一中就很容易看得出来。

第八九则

世风之狡诈多端，到底忠厚人颠扑不破①；末俗以繁华相尚②，终觉冷淡处趣味弥长③。

【注释】

①颠扑不破：无论怎样摔打都破不了。比喻理论学说完全正确，不会被驳倒推翻。

②末俗：末世的衰败习俗。

③冷淡：不浓艳，素净淡雅。弥：更加。

【译文】

俗世的风气狡诈阴险多种多样，可是忠厚的人最终都会立于不败之地；末世的衰败习俗崇尚繁华，相比之下，最终却会觉得清冷淡雅的地方趣味深长。

【评析】

这段话说得很自信，也透露出一分无奈。自信处在于相信人性诚实忠厚的可贵，社会对真实无伪的人性的认同是根本，任何狡诈的人最终都要露馅，忠厚老实的人才最

可信。奢华浮靡的生活也是如此，每当末世，这种风尚便
流行于社会之中，成为一种无法抵御的风俗。但繁华过后，
相对朴素平淡的生活才最可爱，才能让人体味其中的真意。
说他无奈，是说这只是君子应该有的品德，希望以此抵御
社会风气日趋浮靡的沉沦，但个体的信念往往很难改变这
种浮靡，尤其是当它已成一种社会风尚，人人趋之若鹜的
时候。这时候能够做到忠厚，能够品味冷淡趣味，才显出
可贵之处。

第九〇则

能结交直道朋友^①，其人必有令名^②；肯亲近耆
德老成^③，其家必多善事。

【注释】

①直道：正直而讲道义。

②令名：美好的名声。

③耆（qí）德老成：德高望重的老人。耆，旧指六十
　岁以上的老人，泛指老年人。

【译文】

能结交正直而讲道义的朋友的人，声誉必定很好；愿
意亲近德高望重的老人的人，家中必定会多有善事。

【评析】

这是一种可靠的对他人进行判断的方式，认识一个人
要看他交了什么朋友。所谓"人若近贤良，喻如纸一张，
以纸包兰麝，因香而得香；人若近邪友，喻如一枝柳，以

柳穿鱼鳖，因臭而得臭"（余阙《染习富语为苏友作》）。结交正直朋友的人在品性上一定是可靠的。结交酒肉朋友，此人的人品也一定不高，所谓臭味相投。中国古人非常讲究如何认识一个人，这是一种屡试不爽的办法。喜欢亲近德高望重的人，在社会生活中一定会表现出向善的一面，正所谓性情相投。当然，社会中也不乏一些愿意结识德高望重者的人只是把它作为进入社会、制造名声的工具，无形中利用了老成人的名望。其中，也不乏某些名人借此宣扬自己，两种人其实是互相利用。这些也需要加以判断，不要被某些表面现象欺骗。

第九一则

为乡邻解纷争，使得和好如初，即化人之事也[1]；为世俗谈因果[2]，使知报应不爽[3]，亦劝善之方也。

【注释】

[1]化：感化，化育。

[2]世俗：指代平凡人。因果：佛教语。谓因缘和果报。根据佛教轮回之说，前世种什么因，今生受什么果；善有善报，恶有恶报。

[3]报应不爽：因果报应从来没有差错。爽，差失，不合。

【译文】

帮助同乡和邻居排解纷争，使大家和好如初，是感化教育人的好事；给普通人讲解因果轮回的道理，让大家知道因果报应从来没有差错，也是劝导人心向善的方法。

【评析】

中国古代的社会教化是一个系统工程，既有儒家思想强调的"上以风化下"，即上层对社会的引导和教育，也逐渐融入了佛教因果的因素，即用因果报应来教育和感化人。这一则就是这种社会教化在民间社会的体现，它表明教化不仅是道理的宣讲，更体现在日常纠纷的解决之中，甚至可以说这种解决纷争的方式比教条式的说教更有力量。而佛教因果的引入，则是从宗教的报应恐吓中规范世人的言行，从效果看，亦是劝世之方，不可一概视之为迷信落后的东西。

第九二则

发达虽命定①，亦由肯做功夫；福寿虽天生，还是多积阴德②。

【注释】

①命定：命运安排好的，命中注定。

②阴德：暗中做的有德于人的事。《淮南子·人间训》："有阴德者必有阳报，有阴行者必有昭名。"

【译文】

人的富贵发达虽然说是命中注定，但也要自己愿意努力奋斗才行；人的福气长寿虽然说是上天决定，但也要自己暗中多做有德于人的事才好。

【评析】

中国古代的天命观不都是消极的，虽然承认人的夭寿、贫富、功名皆由天定，但强调下足工夫即努力尽人事才是天命的体现，所谓知天命，尽人事。孔子说五十而知天命，年轻时难知天命，说的就是这个道理，如果一味认定天命，则会陷于无所事事，毫无作为。积阴德也是中国人的信仰，积德行善的福报直接体现在来生，如果现在得福寿，自然是前生积德的结果。过去我们一概将这种认识视为迷信，现在我们认为这是普遍的民间信仰而不是迷信，它能够帮助人们从来生的角度更好地处理现实生活。

第九三则

常存仁孝心，则天下凡不可为者皆不忍为，所以孝居百行之先①；一起邪淫念②，则生平极不欲为者皆不难为，所以淫是万恶之首。

【注释】

①百行：各种品行、德行。嵇康《与山巨源绝交书》："故君子百行，殊途而同致。"

②邪淫：邪恶纵逸。

【译文】

人心中如果能常常存着仁爱孝顺的心思，那么天下凡是不能做的事都不忍心去做了，因此孝排在各种德行之前；人一旦起了邪恶淫逸的心思，那么生平极其不齿的事就都不难做了，因此淫排在各种恶行之首。

【评析】

理学从本体论上论证天理，树立了一个绝对的权威，天理即仁孝之心，从而使道德伦理获得了最高支撑。但在现实道德中，仁孝与欲望构成了天然的冲突，也就是说天理规定了仁孝之心的内涵，即不顺从个体欲望，而是限制人的欲望。孝道也是如此，对父母只要做到"凡不可为者皆不忍为"即是孝。一旦听从欲望的召唤，起了淫邪之念，则如开闸泄水，欲望奔泻而出，则一无可控，凡平日不欲为、不忍为之事就都成了平常事。说白了，控制人的淫欲，即过度的人生欲望，是人生的首要任务，是维持天理社会的一个起点。

第九四则

自奉必减几分方好①，处世能退一步为高。

【注释】

①自奉：自身日常生活的供养。

【译文】

人的日常生活的花费一定减少一些才好，人的立身处世能够懂得容忍退让才算高明。

【评析】

如上所说，理学不是消除人的欲望，而是加以限制，使其在一个合理可控的范围内。这是一种做减法的生活态度，表现在现实生活中，对待自我就应该更加严格，自奉要薄，才能保持正常心态，否则一旦放开欲望的闸门，就无法控制了。处世待人则要以退为第一选择，凡事退一步想，既给别人充足的面子，也给自己留一定的空间，而不是一味求进求强。这样的生活态度不能说是全是保守，而是对自我要求甚严。

第九五则

守分安贫，何等清闲，而好事者偏自寻烦恼；持盈保泰①，总须忍让，而恃强者乃自取灭亡。

【注释】

①持盈保泰：处于极盛之时，谦逊谨慎以保平安。

【译文】

谨守本分，安于贫穷，有多么清净安闲，而好事的人偏偏要自寻烦恼；事业极盛的时候谦逊谨慎，总需要退步谦让，而倚仗强势的人却执意要自取灭亡。

【评析】

本分贫贱的生活是清静的，一旦进取求利就会陷于烦恼之中，实在是得不偿失。但又有多少人能坚守清贫的生活呢？往好处说，进取是向上一路，但客观地看，确实又是自寻烦恼。何以会如此呢？因为进取必是要在世俗社会求得利益，求利则必争，争则必无清静，必陷于烦恼之中。是选择清静，还是选择烦恼，个人没有太多的决定权，这是文化造就的。其实中国古代社会也和现实社会一样，人们多奔走于名利场中，烦恼一样多，但古代社会文化中更强调人的本分，强调安于贫穷，这样一来，不论现实情况如何，在文化上总是强调清静的一面，给了社会充分的引导。而我们今天则失却这种文化的引领作用，所以大家更多地感受到的是烦恼。事业成功一直受到社会的强烈认同，所以事业有成者多志得意满，甚至多行不义，但古人更强调持盈保泰，不要过分恃强示强，凡事多忍让，自然可以保持充盈平安。当然，现实又是另一回事。但不能说这种文化导向是负面的，实质上这也充分体现了理学强调控制欲望的主张。得势为非作歹是举天下最常见的行为，其本质上还是对自我欲望的过分放纵。

第九六则

人生境遇无常，须自谋吃饭之本领；人生光阴易逝，要早定成器之日期。

【译文】

人的一生境况遭遇没有定数，需要早点谋求可以养活自己的本领；人生在世的时间短暂易逝，应该早日确立志向并且不懈努力。

【评析】

人生无常和人生短暂是人最易感知的两种生命情感，也是人生现实。如何脱离这两种悲观的感受呢？掌握个人的谋生本领，获得自我主导权，便能够摆脱人生无常之感。光阴易逝，人生如梦，往往是一事无成的人常有的，是在人生度过大半时的无以自主的感觉。要脱离这种感觉，就要早定志向，争取成为有用之才，便难有人生空虚之感。这是面对无奈人生的积极生活态度，谁说中国古人的思想都是消极的呢？

第九七则

川学海而至海①，故谋道者不可有止心②；莠非苗而似苗③，故穷理者不可无真见④。

【注释】

①川：河流，水道。

②谋道者：追求学问和道理的人。

③莠（yǒu）：草名。一年生草本植物，穗有毛，很像谷子，亦称"狗尾草"。

④穷理：探究事物之中的真理。

【译文】

河流学习大海的兼容并蓄最后才能汇入大海，所以追求学问和道理的人不能有怠惰和满足的心态；狗尾草像禾苗却不是禾苗，所以探究事物真理的人不能没有辨别能力和真知灼见。

【评析】

人生无止境，是说人不要有知足之心，但这指的不是物质上的不知足，而是思想上的，即文中所说"谋道者"。道是精深的，人的一生很难达到，故要求道不止。而在现实中，道虽在百姓日用、人伦日常之中，却经常被遮弊，混于世俗尘见之中，故要求道，还要善于辨别"莠"与"苗"，只有具有真知灼见，才能洞见真伪善恶。

第九八则

守身必谨严，凡足以戕吾身者宜戒之①；养心须淡泊，凡足以累吾心者勿为也。

【注释】

①戕（qiāng）：伤害，残害。

【译文】

保持自己的人格气节必须要谨慎，凡是会有损自己气节的事都要杜绝；颐养自己的心志必须要淡泊，凡是足以拖累自己心志的事都不能做。

【评析】

人的一生要面对各种欲望的引诱，何以应对呢？古人讲要守身谨严，要养心淡泊。前者要求时刻保持警惕，对一切可能会伤害身体的欲望加以戒除，对一切滞累心性的东西都远离，这样便可以远害全身，心性畅达。后者是退一步的要求，因为人不可能消除欲望，理学也从没有讲要禁欲，如何化解这种矛盾呢？唯淡可化之，只有宅心淡泊，去除一切过度的刺激，才能解除吾心之累。

第九九则

人之足传，在有德，不在有位；世所相信，在能行，不在能言。

【译文】

人的名声被传颂赞扬，在于有美好的品德，而不在于有地位；人能够被世人信任，在于能踏实做事，而不在于侃侃空谈。

【评析】

德位相符是人生的最高境界，但现实中却往往是有位者便有德，其实是其地位招至阿谀奉承者的吹捧。而真有德者，由于地位低下，便无人关注，正所谓有德者不必有位。关键在于社会评价的价值观，当社会陷于失德状态时，前者便在所多有，正可谓见怪不怪。但永远没有圆满的社会，只有社会文化评价体系正常与否，当这个体系保持正常时，自然会提醒人们，德比位要高。对个体而言更是如此，言行一致是君子品性，行比言重要，说得再多，也不如行为端正。而现实社会中，往往是言者天下，天花乱坠，或套话连篇，或以怪取胜，其实都是掩饰，很容易看出来，只不过他们有地位，掌握了话语权。但这是连小孩子都能看出来的虚伪，只能骗他们自己，因此还不如起而施行，以行为说服人民。

第一〇〇则

与其使乡党有誉言，不如令乡党无怨言；与其为子孙谋产业，不如教子孙习恒业。

【译文】

与其努力让同乡们赞誉自己，不如让他们对自己没有怨言；与其为子孙后辈们谋取产业，不如教导他们好好学会能谋生的长久技能。

【评析】

赞誉有时是时势造成的，人们为了个人目的，常常会说一些漂亮话，但大多是假的。所以，这里说与其有赞美之言，不如使大家无怨愤之言，因为私下里的怨愤往往是真实的。人都有两面性，但私下里的往往是真的。这取决于目的是什么，如果要听真实的言论，而不是为自己创造舆论环境，则听怨言就是选择项，否则就会只听赞美的话。

第一〇一则

多记先正格言①，胸中方有主宰②；闲看他人行事，眼前即是规箴③。

【注释】

①先正：泛指前代的贤人。格言：含有教育意义可为准则的话。

②主宰：主管，支配。

③规箴：劝勉告诫。

【译文】

多记诵领会前代贤人留下的格言，才有主宰内心的坚定准则；闲暇时多观察别人待人接物的方式，眼前就有了是非得失的劝勉告诫。

【评析】

为什么要多记圣贤格言呢？格言用简洁而精辟的语言传达对社会、人生的体认，一般具有教育和劝诫意义，因而易于被人接受。本书就是这样一种体式，基于传统儒学思想，发表了大量针对现实人伦关系的格言警句，其中大部分内容来自对历代圣贤言语的精炼概括。但多记圣贤格言的目的是加强对圣贤思想的体认，使内心有主宰，切忌流于口头。下句是说要通过多看别人行事，加以体察，汲取教训，所谓眼前即是例子，不必四处旁求。但要小心流于看客心态，否则就庸俗了。

第一〇二则

陶侃运甓官斋①，其精勤可企而及也；谢安围棋别墅②，其镇定非学而能也。

【注释】

①陶侃运甓（pì）官斋：晋时陶侃任广州刺史之后，州内安定，政务清闲，但他心怀社稷，为了督促自己勤勉，每天早上搬运一百块砖到自己的官署外面，晚上又从外面把砖搬到官署之内。陶侃（259-334），字士行（或作士衡），本为鄱阳（今属江西）人，后徙庐江浔阳（今江西九江西）。中国东晋时期名将，大司马。早年孤贫，从县吏积功累升到荆州刺史。勤勉不懈，为人称道。是我国晋代著名诗人陶渊明的曾祖父。事迹见《晋书·陶侃传》。甓，砖。

②谢安围棋别墅：东晋时，前秦苻坚率军号称八十万南下侵晋，水陆并进，直逼淝水，意图一举灭晋统一全国。作为东晋卫将军的谢安面对强敌并不畏惧，任命自己的弟弟谢石为征讨大都督，侄儿谢玄为前锋都督，儿子谢琰与西中郎将桓尹等率八万精

兵据敌。两军大战正酣的时候，谢安镇定自若，在别墅与朋友下棋，当捷报传来时，谢安仍旧不动声色。谢安（320－385），字安石，原籍陈郡阳夏（今河南太康），迁居会稽（今浙江绍兴），东晋宰相，出身名门世家，少以清谈知名，初次做官仅月余便辞职，之后隐居在会稽东山的别墅里，期间常与王羲之、孙绰等名士游山玩水，并且承担着教育谢家子弟的重任。四十余岁谢氏家族朝中人物尽数逝去，谢安乃东山再起，后官至宰相，成功挫败桓温篡位，并且作为东晋一方的总指挥，以八万兵力打败了号称八十万的前秦军队，致使前秦一蹶不振，为东晋赢得几十年的安静和平。战后功名太盛被皇帝猜忌，因此低调避祸，后病逝。事迹见《晋书·谢安传》。

【译文】

陶侃在官署内外搬运砖块，这种勤勉不懈的精神有希望通过效法赶上；两军交战之时谢安在别墅内下棋行乐，这种处变不惊的镇定却不是仅仅效法就能学到。

【评析】

这是两个历史上的著名人物身上发生的著名事件。作者借此要表达什么呢？更高的人生境界。在中国文化中，勤劳是被高度推崇的精神品质，用勤奋的努力换取成功的喜悦，因而值得肯定。但这只是人应该具有的基本品质，还不是很高的人生境界。更高的人生境界是镇定，在任何困难和危局面前都能临危不乱，像谢安那样，克服内心的忧惧，保持镇定，才能有精神的发越，才是成大器的胸怀。作者说勤可学，而镇定不可学，是说品质可以养成，而境界不易达到。儒学的最高境界是无入而不自得，即在任何情境下都能保持自得洒脱的精神境界。谢安其实并没有达到这一境界。史书记其围棋别墅后，还记载了他在返回内室的时候竟忘记迈门槛，把鞋上的木齿都撞断了，这表明他的内心还是十分激动和兴奋的。

第一〇三则

但患我不肯济人，休患我不能济人；须使人不忍欺我，勿使人不敢欺我。

【译文】

怕的是自己不肯发仁善心帮助别人，而别怕自己没有能力帮助别人；要让别人因为自己的德行而不忍心欺负自己，不能让别人因为畏惧而不敢欺负自己。

【评析】

《孟子·梁惠王上》说："挟太山以超北海，语人曰我不能，是诚不能也。为长者折枝，语人曰我不能，是不为也，非不能也。"孟子区别了实行仁爱的两种情况，一种是不能，一种是不为，他认为仁爱之心源于"老吾老以及人之老，幼吾幼以及人之幼"，只要勇于推行，就可以推行仁爱。人的慈善济人之心也是如此，"不能"是力所不及，"不肯"是仁心消尽，所以人应该时刻保有这份仁爱之心。下句中"不敢欺"是对方惧我之力，"不忍欺"是对方看到你的退让或弱小而不加欺，二者区别明显。但要让坏人有"不忍欺"之心实在是很难的，坏人之所以坏就是因为有不仁之心。良心发现要有一个契机，不可能平白无故产生。但表现得比坏人更有力，也是危险的，有可能激化矛盾。这是一个矛盾循环，在理论上没有解决的可能。但在现实中，面对恶人，使自己变得更强力，还是有一定作用的。这一句是中国人典型的退让哲学的表现，有时候一味退让不是解决问题的方式，反而会纵容恶人为恶，实际上是助纣为虐。

第一〇四则

何谓享福之人？能读书者便是。何谓创家之人？能教子者便是。

【译文】

什么样的人是享福的人？能读书的人就是享福的人。什么样的人是创立家业的人？会教导子弟的人就是创立家业的人。

【评析】

上句提出了带有普遍性的问题，即什么是享福。享福是中国人对幸福的理解，指快乐地享受生活，是一种典型的快乐主义哲学。一般意义上，这种快乐主要包括物质丰裕和由此产生的精神愉悦、放松，是建立在满足生活欲望基础上的快乐，因而有可能陷入单纯对情欲的追求，事实上也多如此。而作者主张多读书便是享福，以消解世俗对享福的理解。为什么多读书就是享福呢？因为读书是在和平安宁环境中与古人的交流，是获得知识和智慧的过程，人在这个过程中得到充分的精神满足，而不必依赖于外部物质条件，是一个自主的过程，可以得到精神的自由。下句说"创家"，而不说"创业"，因为古人对家族的传承更为重视，事业能否延续关键靠家族传承。而家业如何传承关键又看子孙教育，只有教育出品性良好，能力较佳的后代才有可能传承家业。中国人重视家庭，血缘的传承是一方面，家业是保证血缘延续的重要方面，因此历来对家业传承十分重视，这一句就体现了这一点。

第一〇五则

子弟天性未漓①，教易行也，则体孔子之言以劳之②，勿溺爱以长其自肆之心③。子弟习气已坏，教难行也，则守孟子之言以养之，勿轻弃以绝其自新之路。

【注释】

①漓（lí）：浅薄。

②体：亲身经验，领悟。

③自肆：放纵任意。《列子·杨朱》："不能自肆于一时。"

【译文】

在子孙后辈们年幼，天性还没流于浅薄的时候，教导容易被领会施行，这时应该让他们领悟孔子的言辞而不辞劳苦，不能因为溺爱放松教导而助长子弟们的放纵心态。

到了子弟们习惯气质已经败坏的时候，教导就难以被领会奉行，这时应该牢记孟子的言辞来培养他们，不能轻易放弃而断绝了子弟们改过自新的机会。

【评析】

教育是一个复杂的工程，主要在于教育对象的复杂。作者将子弟分为两类，一类是天性未漓，一种是习气已成。第一类容易施教，只要注意不要溺爱，使他们滋生出放纵自恣之心就可以了。因为品性淳正，天然未散，故可用孔子的言辞、思想引导和教育。为什么呢？因为孔子言辞多宽和平正，温淳雅驯，易于被醇正心性的人接受。当子弟养成不良习气，要改就比较难了，这时候可以孟子之言加以教诲，因为孟子讲"富贵不能淫，贫贱不能移，威武不能屈"，具有大丈夫气，易于感动人，从而可以使人回归正路。对这些人不能轻易放弃，因为他们没有受到过良好引导和教育，才形成了不好品性，并不是本质坏。

第一〇六则

忠实而无才，尚可立功，心志专一也；忠实而无识，必至偾事①，意见多偏也②。

【注释】

①偾（fèn）事：败事。《礼记·大学》："一家仁，一国兴仁；一家让，一国兴让；一人贪戾，一国作乱，其机如此。此谓一言偾事，一人定国。"偾，颠倒，僵仆。

②偏：偏颇。

【译文】

一个人为人忠厚老实却没有才干，仍然可以为国立功，是因为这样的人心志专一；一个人忠厚老实却没有见识，就一定会败事，是因为这样人的意见大都会走向偏执。

【评析】

中国文化最推崇忠厚的品质，并不太看重人的才华，而是重视识见。忠厚老成之人多缺少才华，没有太多的创新和处理具体事物的才干，但正因为宅心仁厚，不愿做坏事，且性情少变，心志专一，容易坚守，故可推重。但忠厚老成不是没有信仰，没有见识。一个人最重要的是见识，见识是一个人对社会、人生乃至具体人、事的看法，能够看到事物的本质，推断出发展变化的轨迹。而见识源于心性充满，源于心地醇正。一个没有见识的人易于随风转向，无法坚守，且流于偏颇，其源在心术不正。

第一〇七则

人虽无艰难之时，却不可忘艰难之境；世虽有侥幸之事，断不可存侥幸之心。

【译文】

一个人即便没遇到过艰难困苦的时候，也不能忘记存在艰难困苦的境遇；世界上虽然存在着侥幸走运的事例，人却不能怀有侥幸的心态。

【评析】

这里作者谈有无问题。目前没有困难不意味着可以放松，要做好准备，而有些侥幸事件虽有发生，但切不可存有此心，心怀侥幸。在作者看来，困境的意义在于锻炼人的心志，使人养成克服困难，勇往直前的品性。但并不是所有人都会时时遭遇艰难，他人之艰难困苦也是对自己的提示。同时，还要有预见性，现在没有困难，并不等于将来没有困难。所以，怀有面对困难之心，保持警觉，做好应对准备就是必需的。侥幸是概率很低的事情，但对人的吸引力很大，这就是人所常有的侥幸心理。一旦有此心，就等于放弃努力奋斗的精神，坐等成功，最终当然是失败。所以作者说不可有侥幸之心。

第一〇八则

心静则明，水止乃能照物；品超斯远①，云飞而不碍空。

【注释】

①品超斯远：品行高尚才能使人心志高远。

【译文】

人的心在沉静之后才会澄明，就像水只有静止时才能映照万物；人的品行高尚才能心志高远，就像云朵飞腾起来才能超然不阻碍天空。

【评析】

这一则谈的是精神境界问题。如何达到更高的精神境界呢？首先，要能做到心静。人在纷杂世界中常常出现精神躁动，心神不宁，为外物驱使，是典型的逐物遂境的心理活动。因此，要追求更高的精神境界就要有平静的心灵。"静"因而成为理学的重要概念，进而影响到现实生活，所以中国人对宁静十分重视。因为静是心的灵明状态，如止水可以照物，人也因此获得自主性，不仅是心灵放松，而且是容纳万物，心为万物之主。同样，人要追求精神的超越，不要拘泥于现实，而要超越于现实之上，如天空中的飞鸟，没有任何阻碍。拘执于现实，斤斤于得失，是品格低下的表现，不可能获得真正的精神自由。

第一〇九则

清贫乃读书人顺境，节俭即种田人丰年。

【译文】

家境清贫对读书人来说就是顺遂的环境，节俭节约对种田人来说就是丰收的年景。

【评析】

读书有两种功能，一是通过读书改变命运，获得向上提升的台阶，这是现实层面的价值；一是精神境界的提升，扩大胸怀，使心灵进入自由自主的境地，这是精神层面的价值。但大多数读书人都心怀功利，把读书视作敲门砖，一旦获取功名，便将读书抛开，也就不再读书，也不能真正读书了。因此，作者在这里说只有清贫之境才能促人读书，主要是对此而言。安贫是应对现实的一种方式，不计较现实的贫困，方能有精神超越的可能。安守清贫，是心胸宽广的表现，易于平静地接受思想，进行思考。节俭一直被视为一种良好的品德，却在奢华之风面前风韵全无，几乎被人当做吝啬的代名词。经济发展带来的一个明显的社会变化是视消费为第一要务，而传统中国人在物质条件相对艰难的情况下只好从节俭做起。

第一一〇则

正而过则迂，直而过则拙，故迂拙之人犹不失为正直；高或入于虚，华或入于浮，而虚浮之士究难指为高华。

【译文】

人的性情过于刚正就会显得迂腐，性情过于直率就会显得笨拙，所以迂腐笨拙的人仍然称得上正直；人如果自视清高有时就会陷入虚妄，自恃才华过人有时就会陷入浮夸，所以虚妄浮夸的人终究难以称得上是清高多才。

【评析】

这一则充分体现了中国人对人性情细微处体察之深。胸怀正大者多忠厚，忠厚者多朴实，朴实者多可能流于迂腐，而直率者多率真，率真则忽于人情世故，故往往显得笨拙。这是人之常情，关键看我们的价值取向。如果取伶俐聪明，则视迂拙为低能，如果取正直忠厚，则迂拙之人本性不改，时刻保持本来面目，正是道德上的高位。而自我标置过高，则易于流入虚浮不实，自视甚高而实际上又达不到，只能在空中虚悬。过求修饰自我，往往华而不实，自入肤浅。这样的人实际上根本达不到他们的自我设定，只是自我欣赏，自夸自赞。在对人间情伪的细微体察中，中国人更欣赏正直，而看不上虚浮，这一则是典型的体现。

第一一一则

人知佛老为异端①，不知凡背乎经常者②，皆异端也；人知杨墨为邪说③，不知凡涉于虚诞者④，皆邪说也。

【注释】

①佛老：佛教和老子的学说。异端：古代儒家称其他持不同见解的学派为异端。

②经常：常理。

③杨墨：以杨朱和墨翟为代表的学说。杨朱，先秦哲学家，战国时期魏国（今河南开封）人，字子居，反对儒墨，尤其反对墨子的"兼爱"，主张"贵生"、"重己"，重视个人生命的保存，不拔一毛以利天下，反对他人对自己的侵夺，也反对自己对他人的侵夺。他的见解散见于《庄子》、《孟子》、《韩非子》、《吕氏春秋》等书。墨翟（dí，前468—前376），春秋末战国初期宋国（今河南商丘）人，一说鲁国（今山东滕州）人，是战国时期著名的思想家，墨家学派的创始人。他主张兼爱、非攻、尚

贤、尚同，反对儒家的繁礼厚葬，提倡薄葬，非
乐。著有《墨子》一书传世，现存五十三篇。

④虚诞：荒诞无稽。桓谭《抑谶重赏疏》："观先王之
所记述，咸以仁义正道为本，非有奇怪虚诞之事。"

【译文】

人人都知道佛教和老子的学说是异端，却不知道凡是
违背成俗常理的学说，都是异端；人人都知道杨朱和墨翟
的学说是邪说，却不知道凡是牵涉荒诞无稽的学说，都是
邪说。

【评析】

排斥异端几乎可以看作不同思想流派之间永无休止的
战争，各是其是，各非其非，水火不容。更有甚者，其他
流派的思想不仅被视作异端，还被看做歪理邪说，异是不
同，邪是不正，这就非常可怕了。但除了排斥，还有别一
端，就是融合，在历史的长河中，各种思想又不断相互融
合，你中有我，我中有你。排斥和融合是整个思想界的变
化模式，几乎没有例外。结果就是出现了三教合一的趋向，
并出现了一种从常理常情看待不同思想的方式，本则文字
就体现了这一点。它是从常理的角度看待问题的，古人讲
经者，常也，凡是违背人之常情常理的都是异端，这便消
解了儒家思想与各家思想的差异，而专注于情之必有，理
之常通。还有另一种体察各家思想的方式，就是看它是否
涉于虚诞，虚则不实，诞则皆伪，这样的学说才可视作邪
说。这种相对宽容的做法实际上消解了思想上的争斗，而
代之以更宽容的方式，不能不说是思想的进步。

第一一二则

图功未晚①，亡羊尚可补牢②；浮慕无成③，羡
鱼何如结网④。

【注释】

①图功：谋求功业。

②亡羊尚可补牢：丢了羊再去修补羊圈，还不算晚。
比喻出了问题以后想办法补救，可以防止继续受损
失。《战国策·楚策四》："见兔而顾犬，未为晚也；
亡羊而补牢，未为迟也。"

③浮慕：凭空羡慕。

④羡鱼何如结网：比喻只是空想，不如脚踏实地去做。
出自《汉书·董仲舒传》："古人有言曰：'临渊羡
鱼，不如退而结网。'"

【译文】

谋求功业任何时候都不晚，就像丢了羊之后修补羊圈，
还可以防止继续损失；凭空羡慕别人永远不会有所成就，
就像只是站在池水前羡慕水中游鱼，还不如回来织网然后
去捕鱼一样。

【评析】

常言道"少壮不努力，老大徒伤悲"，说的是人生的
自然趋势，年轻时不努力，老了自然会悲伤，伤什么呢？
伤时不我待，努力已经来不及了。但事情还有另一面，希
望是永存的，只要生命不止，努力就不应停止。所以这里
用亡羊补牢和羡鱼结网的典故来表达任何时候都不应放弃

奋斗和努力。这是一种积极的人生态度，放弃努力等于放弃希望，任何时候都不放弃希望，是保持生命活力的最佳方式。

第一一三则

道本足于身，以实求来，则常若不足矣；境难足于心，尽行放下，则未有不足矣。

【译文】

道理本来就在自己身边，虽然能通过实际观察去努力探求，却应该常常感到所了解掌握的不够；境遇很难满足自己的心愿，只要能把对外物的执着追求放下，就没有什么不满足了。

【评析】

这一则讲的是什么应该充实，什么应该放弃的道理。人最应该充实自我，如何充实自我呢？就是求道，追求人生终极目标，真正把握生命的意义和价值。道是本体存在，以实体存在体悟抽象的道总有不切实的地方，作者认为应该通过不断地在现实中、在生活中体察、充实道，使心保持不足的状态，吸纳和接受一切合乎道的东西，对道的体悟就自然充实起来了。但也有的应该尽早放下，放下什么呢？放下现实境遇。外境总是不断变化的，如果心为境转，则自我不复有主体性，随波逐流。且境总在变，于是永远不满足。所以作者说只要放下对外境的无止境追求，则能回复到心本自足的状态。

第一一四则

读书不下苦功，妄想显荣，岂有此理？为人全无好处，欲邀福庆，从何得来？

【译文】

读书不刻苦下工夫，还妄想着有朝一日拥有显贵荣华，天下哪有这样的道理？为人从不行善积德，还想着招来福气喜事，天下哪有这样的好事？

【评析】

尽管天下有好多不平的所在，但对大多数人来说，最根本的还是个人努力。古人通过读书求取功名，要下苦功，才可能有最终的尊荣显贵，虽说目标有点俗气，但道理总是对的。天下所有的事情都是因果关系，没有努力，便没有成功，天上掉馅饼的事是不可能的。可是，很多人就是不明白这道理，或者明白了，还要讨便宜，想不努力就得到想要的，真令人徒唤奈何！古人讲积德行善，虽有点有恩求报的意思，但这样才建立起良性的人际关系，而不是处处求自利，还要讲利他。自利利他本来是基于人性自然的，只求自利，当然不合乎社会关系的基本准则。本则从两方面说不能占尽天下便宜的道理，不努力没有结果，不行善没有福庆，充满了告诫意味，听不听在自己。

第一一五则

才觉己有不是，便决意改图，此立志为君子也；明知人议其非，偏肆行无忌，此甘心做小人也。

刚刚发现自己有不对的地方，就下定决心改过，这是立志要做君子的人；明明知道有人在议论自己的不是，偏偏仍旧放肆无所忌惮，这是甘愿要做小人的人。

【评析】

古人对所犯错误抱有积极的心态，包括两个方面：一是对他人，主张君子对待错误要有"闻过则喜"的态度，《孟子·公孙丑下》："子路，人告之以有过，则喜。"陆九渊将这个过程总结为闻过、知过、改过三个步骤："闻过则喜，知过不讳，改过不惮。"（《象山集·与傅全美》）对人心的体察可谓极细微。二是责己，即自省精神，《论语·学而》："曾子曰：吾日三省吾身。"朱熹《集注》："曾子以此三者日省其身，有则改之，无则加勉，其自治诚切如此，可谓得为学之本矣。"只有"自治诚切"才能真心改正自己的错误。作者在这一则中将改过的意志力视为判断一个人是君子还是小人的标准，便是出自对经典中对改正错误要求的认识。而那些明知他人非议，却一意孤行，甚至更加肆无忌惮的人，就只能被视为甘心做小人了，已不可救药。应该说，作者在如何改正错误的问题上还是持比较客观的态度，因为在二者之间还有一种是知过而不能改，这种人只是缺乏道德勇气，所以作者并没有将这类人列入小人行列。

第一一六则

淡中交耐久^①，静里寿延长。

【注释】

①淡中交：平淡地交往。

【译文】

在平淡中交往的朋友，能经得住时间考验；在平静安稳的环境中生活，能够延年益寿。

【评析】

交情要平淡，心境要平静，这是人基本的心灵修养之方。《庄子·山木》："君子之交淡若水，小人之交甘若醴。"平淡之交是君子之间的交往方式，平淡之中寓有真情，是一种心灵相通的真交往，平等而且无任何物质欲求，故能够持久。而小人之交虽甘醴如酒，但这只是表面现象，因为彼此之间是因欲求结聚在一起，易有纷争，故不能持久。人生要面对的问题太多，积极主动则易陷于情感激烈的冲突状态，消极被动则可能流于悲愤无奈，古人认为二者都不可取，惟取其静，以沉静不争的面目出现，不沾染是非，不陷于争斗，不过唯一的好处是能够长生。当然，从单纯的养生角度看，这自然是可取的。但这是生命价值选择的问题，其实是一种乡愿哲学。这样的生活态度是消极、不求功利的生命态度，容易一事无成，只求保命长生。其实中国历史上从不乏仁人志士以牺牲生命为代价，为信仰和理想而奋斗，是中华文化的脊梁。

第一一七则

凡遇事物突来，必熟思审处，恐贻后悔；不幸家庭衅起，须忍让曲全，勿失旧欢。

【译文】

凡是遇到突如其来的变故，一定要经过深思熟虑后再冷静处理，以免来日后悔；家庭中不幸发生纠纷，一定要用忍让的态度来委曲求全，不要因此丧失往日的和睦欢乐。

【评析】

这一则讲两个方面，一是应世之方，要深思熟虑，不能临阵乱了步伐。在理学家看来，真正的深思熟虑源于心性修养，只有心性灵明，才能无入而不自得。在常人，是要做好准备，对世事有深入的体认，对善恶都有清醒的认识，方能应对自如。二是处理家庭纠纷，家庭矛盾比较复杂，加之亲情，就不能如对世人般用心思，而要学会忍让，委曲求全，保全体面。下句"勿失旧欢"大约主要是针对旧家庭中的妻妾制度的，由于妻妾众多，易生恩怨，故有此言。

第一一八则

聪明勿使外散，古人有纩以塞耳①，旒以蔽目者矣②；耕读何妨兼营，古人有出而负耒③，入而横经者矣④。

【注释】

①纩（kuàng）：古时指新丝棉絮，后泛指棉絮。

②旒（liú）：冠冕前后悬垂的玉串。

③耒（lěi）：古代的一种翻土农具，形如木叉，上有曲柄，下面是犁头，用以松土，可看作犁的前身。

《孟子·滕文公上》："陈良之徒陈相与其弟辛负耒耜
而自宋之滕。"

④横经：捧着经书。何逊《七召·儒学》："横经者比
肩，拥帚者继足。"

【译文】

不要让自己的聪明才智太过外露，正如曾有古人用棉
絮塞住耳朵，用冠冕前后的玉串遮挡视线；耕作和读书不
妨兼顾，正如曾有古人白天背着农具外出劳作，晚上回家
手捧经书学习。

【评析】

中庸是很高的精神境界，但中道难成，在现实易生成
一种保守退缩的生活态度，正如对待聪明的态度，聪明不
外散，就是出于自保。因为平庸的社会不能容忍差异和过
分自我，特别是才性聪明的人。这类人往往无视规矩，甚
至弃道德规范和人伦要求而不顾，一味以自我为中心。我
们的社会自古以来就养成了一种平庸化的风气，不能容忍
平庸之外的狂放自恣，凡是违背社会常规的东西都无一例
外打入冷宫。如此一来，我们的道德、文化越来越保守，
没有创造力，因为这些聪明的人都被贬斥，只有消磨了聪
明才能得到社会认可，最终丧失了创造力，这是很可悲的
事。下句讲兼营，古人讲耕读传家，是以耕养读，以读书
保证家族的传承和财富的增加。但在现实中，却有很多贫
寒读书人"不事生产"，"不善治生"，因而陷于贫困之中，
无法保证读书传家。明清以来，有一批学人主张读书人也
要"治生"，即在努力获取功名的同时，有另一条职业道路

保证基本生存。因此，在这方面越来越持开明的态度，不再过分讲求君子之义不言利。这句讲"何妨兼营"就是在这样的背景下发生的。

第一一九则

身不饥寒，天未曾负我；学无长进，我何以对天。

【译文】

身体能够不冷不饿，可见上天并没辜负自己；如果学业还一直没有长进，自己有什么面目来见上天？

【评析】

这一则讲知天命而自足，严于律己而求进的道理。知天命是一个很高的境界，对个人而言，比较现实的知天命是在物质上不过求富足，正如前一句所讲，只要不饥不寒就可以了。再进一步，还要有知足感恩之心，所谓"天未曾负我"。但安于不饥不寒并不等于不求进取，所以在学业上要求上进，既然上天对我不薄，学业不成便有愧于上天。这就是古人讲的不怨不尤，而自律则甚严，对年轻人而言，严格要求就是要有上进之心。

第一二〇则

不与人争得失，惟求己有知能。

【译文】

不跟别人争抢论说得失功过，只要求自己有智慧才干。

【评析】

在阅读这类格言式警句的时候，还应提醒大家一句，虽然有理学思想的支撑，但作者往往摒弃现实关怀，不太关心批判、改造社会的意义，故这类修身格言皆以如何成就自我，如何使自己更好地融入社会，如何得到社会的承认为主。这一则便是这样，他是在单纯个体生存的意义上讲不与人争得失，在一个群体中，不过分争利，彼此谦让，是良好的社会品德，否则一味争利，争一时之得失，便会不容于社会或群体。在这里，他并没有辨别"得失"的内涵，谦让可能变成忍让，使得恶势力膨胀，反而贻害社会。上句对如何处理群体关系而言，下句则对自己而言。对自己要严格，要有知有能，有知指有知识，获得基本的知识，是进入社会的第一步。有能指有做事的才能，进入社会，要有相应的能力，即现在所说的职业能力，否则自不容于社会。

第一二一则

为人循矩度^①，而不见精神，则登场之傀儡也^②；做事守章程，而不知权变^③，则依样之葫芦也^④。

【注释】

①矩度：规矩法度。

②傀儡（kuǐlěi）：原指木偶，后用来比喻不能自主，受人操控的人或组织。

③权变：随机应变。《文子·道德》："圣人者应时权

变，见形施宜。"

④依样之葫芦：比喻模仿别人，毫无创见。

【译文】

做人如果严格遵循规矩法度，没有自主的精神气概，就如同上场演出被人操控的木偶；做事如果固执地照搬章程法规，却不知道随机应变，就像是依样画葫芦般僵化呆滞。

【评析】

矩度，规矩是也，或曰社会道德、行为规范，这是一个人应具备的基本品质。但社会规范是长时段的社会实践的产物，某些规范有可能发生变异，凝聚社会力量的出发点，可能变成限制社会发展的僵化工具，也有可能成为统治者控制社会的工具，所以说人应该循守矩度，但要"见精神"。何谓"见精神"呢？就是要有自主性，人不仅要外在地接受社会规范，还要内在地理解、认识社会规范，最佳境界是使内在自我与外在社会规范融为一体，这样才不会成为一个僵化的规范遵守者。章程，指办事的规矩，人在做任何事情的时候都应该了解基本规矩，按照这套程序去做，便不会与社会规范发生抵牾、冲突。但事有变，规矩却不会自行变化，因此，做事的人要学会权变，根据事务的性质、特点及其环境的变化，变化手段、方法，我们称之为权变。在抽象意义上说，权变是符合社会事物变化规律的，但也有另一面，即权变变成变通，原则、规矩成为一纸空文，更有甚者变成谋私利的口实，便不可取了。由此，我们能够充分理解制度建设的急迫性，制度是一种为全民接受和符合社会进步的规矩，只有良好的制度、规范，才能避免各种打着权变口号的谋取私利的行为。

第一二二则
文章是山水化境^①，富贵乃烟云幻形^②。

【注释】

①化境：变化的景致达到极其精妙的境界。

②幻形：虚幻不实的形状，引申为假象。

【译文】

文章所能达到的精妙境界如同山水景色般极致秀丽，变化万端；富贵所给人带来的境遇变化却如同烟云一样聚散不定、虚幻不实。

【评析】

现代人可能不理解，文章与富贵何以能放在一起讨论。回到古代文化的特殊情境，便容易懂了，因为在古代文章是求取功名的工具，功名可使人得富得贵，故放在一起讨论。文章的最高境界是自然，如自然一般充满活力，充满生机，绚烂之极。文章有法，遵法守度可能使文章僵化死板，要像自然一样，自由变化，无法而法。但富贵与此不同，它是不可把握的，富贵之极，可以穷奢极欲，但转眼之间又可能跌入深谷，一切都如烟云聚散无常。前者用文章来讲人生，人生的最高境界就如同最好的文章，自然变幻，丰富充满，所谓得其化境。但人生也有一些东西是无法控制的，如富贵生活，贫富之间变化无常，无从把握。

第一二三则

郭林宗为人伦之鉴^①，多在细微处留心；王彦方化乡里之风^②，是从德义中立脚。

【注释】

①郭林宗（128—169）：即郭泰，字林宗，东汉太原介休（今属山西）人。博学有德，好品评人物，善于鉴察人伦道德，人称有道先生。在东汉末桓、灵二帝时期士人集团同宦官集团的激烈斗争中，是士人的著名代表和太学生的主要首领之一。他还以不愿就官府的征召而名著于世。事迹见《后汉书·郭泰传》

②王彦方（141—219）：名烈，字彦方，东汉太原（今属山西）人。因品德高尚称著乡里。平时善于以德行感化乡里，化解乡邻的纷争，以致争讼的人见到他的房屋就和解了。

【译文】

郭林宗在鉴察品评人伦道德的时候，大多留心观察人们言辞和行动的细节；王彦方感化乡里风俗的时候，就是以道德仁义为根本去着手。

【评析】

东汉以来，流行人伦品鉴，称月旦评，用形象的言词将人物性情、品行、能力表达出来。郭林宗是当时的名家，一旦得到他的品评，便有了上升的机会。但他的品鉴皆从细微处体察人情，然后加以品评。这里用郭林宗为例教会人如何鉴别和认识人。人性复杂，品性众多，本不易识，加之伪饰不实，要认识和看清一个人并不容易，但作者说从细微处入手更易于认清一个人。东汉的人伦品鉴往往流于清谈，崇尚虚饰，忽视品鉴的根本应在德义，所以作者又用王彦方的例子说明认识一个人要从他的德行即德义仁行上入手，方能抓住根本。也就是说认识一个人要从两方面着手，一要细微，二看德义。这是千古不变的道理。但物以类聚，人以群分，有的人性行不正，他所喜欢的人可能也是同类，有的长于阿谀奉承，他就只喜欢阿谀之人，所以只有君子才能真正识辨人才。

第一二四则

天下无憨人①，岂可妄行欺诈；世人皆苦人，何能独享安闲。

【注释】

①憨（hān）：傻气，痴呆。

【译文】

天下没有真正愚蠢的人，怎能肆意对别人进行欺诈；世界上大都是受苦受难的人，怎能安下心来独自享受。

【评析】

在道家哲学中，守拙是一种很高的精神境界，是在现实面前保持自我人格，不同流合污的一种生存方式，在中国有着巨大影响。中国人对拙、愚、憨的推崇可谓无以复加，人们甚至以此自号。但这里说的"憨"，不是智力、能力上的愚蠢、憨笨，而是操持自我高尚人品的一种精神选择，并不意味着天下真有这样的人。所以做人不可太聪明，以为天下唯我独明，众人皆蠢，便妄行欺诈。真有这样的人一定是以愚为智，不智不才。在中国人的生活理想中，清闲是最高水平，人能得清福、得清闲便是无上幸福。晚明文人最推崇就是清闲，但此所谓占尽天下便宜之人，世上本来不多，也多自战战兢兢中来，天下其实本无真正的闲。独享安闲更是一大罪过，因为天下人都在苦海中挣扎，所以作者说不能独享安闲。正确的态度应该是以苦求安，苦中作乐，闲中思苦，惜福而有感奋之心，安闲而有不安之心。

第一二五则

甘受人欺，定非懦弱；自谓予智，终是糊涂。

【译文】

甘愿受人欺凌的人，一定不是懦弱之士；自己以为聪明绝顶的人，终究还是糊涂之辈。

【评析】

这一则从两方面说明人的品性，一是要能忍，但不是懦弱；二是要看得清自我，不要自以为是。人们斤斤乐道于韩信受胯下之辱，是看到了他的成功，反过来推导，认为他是小不忍则乱大谋。忍受欺凌还有另一面，就是以德行自高，不与世俗争名利。二者都不是懦弱，但前者易为谋诈，人品不正，后者易为人误解。自以为聪明的人，心胸太窄，眼界不高，所以终究是不智，是糊涂。

第一二六则

漫夸富贵显荣①，功德文章要可传诸后世；任教声名煊赫②，人品心术不能瞒过史官。

【注释】

①漫夸：胡乱夸耀。漫，随意，不受拘束。

②煊赫（xuānhè）：形容名声大，声势很盛。

【译文】

随意夸耀家世的富贵荣华，也只能显赫一时，功德文章却可以名垂千古泽被后人；不论名声势力多么显赫，也不过停留在当世，瞒不过史官笔下流芳或者遗臭千古的纪实。

【评析】

这一则谈的是生命价值，而生命价值根本上是一个价值观的问题，有什么样的价值观，就会有什么样的选择，如果将生命视作物欲的满足，则富贵是人人追求的目标。在儒家思想中，生命的不朽在于高尚的道德和恒久的文章，而富贵则是现世的、短暂的。这里面还包含一个生前死后的问题，即生前的声名地位并不代表一个人的价值，因为人们相信历史的评价更为公正。生前是一个短暂的存在，而历史的长久保证了它的公正。这是中国古人在儒家思想影响下形成的价值观念，从积极方面看，追求生命的不朽和永恒，相信长时段历史的公正，因而不再将当前视作一切价值的标准，隐含着对抗现实的不合作精神。为了抵挡现实的人生失意，于是将生命价值交给未来。但从反面看，则充满了对现实的无奈，无法改造现实，故而向未来逃避，逃入历史的深处。在某种意义上，这可以视作一种精神胜利法。但其精神的闪光处在于不同流合污的勇气和高尚的道德精神。

第一二七则

神传于目，而目则有胞^①，闭之可以养神也；祸出于口，而口则有唇，阖之可以防祸也^②。

【注释】

①胞：指上下眼皮。

②阖（hé）：关闭。

【译文】

人的心神从眼睛中传出，而眼睛上下有眼皮，闭上之后就可以颐养心神；世间的祸患从嘴巴中传出，而嘴巴上下有嘴唇，闭上之后就可以防止灾祸发生。

【评析】

中国文化并非只有集体主义，没有个人自由，客观地看，中国文化也当然地允许个体的自主、自由，但其存在方式则是逃避式的。审视现实，回顾历史，我们可能不再单一指责古人的逃避，有了充分的理解与同情。但毕竟逃避是一种消极的精神状态，因为逃避固然能够保持个体的自主性，保护个体道德的完善，但这只是事情的一个方面，而且所谓自主和自由以及道德的完善仍然只是一定程度上的自主、自由、完善。事实上历史另一面是放弃人的现实关怀，放弃改造社会的责任。逃向哪一方呢？大多数人逃向心灵，似乎心灵的价值仅在于提供一个精神的避难所，一个整天在避难所里生活的生命怎么会有积极的生命精神？本则表现的是典型的乡愿哲学，在现实面前，为了自己的利益，为了保护自我，采取闭眼阖口的鸵鸟策略，进入到无是无非却又任凭是非横行的精神之中。中国哲学经常讲内外之别，讲"反求诸己"，却从来没有放弃过社会责任。我们要注意不要让曲解中国哲学的心灵鸡汤把"反求诸己"的更高意义遮蔽了。

第一二八则

富家惯习骄奢，最难教子；寒士欲谋生活，还是读书。

【译文】

富贵的家庭习惯了骄矜奢侈，对于他们来说最难的就是教育好子孙后辈；贫寒的家庭想要谋取生存之道，对于他们来说最好的方式就是让子弟后辈们读书。

【评析】

这一则的内容前面已经讲过多次了，我们可以这样理解：一是教育子孙是中国文化的重心，故每每不厌其烦地讲；二是在我们的文化基因里，坚忍、刻苦、努力作为一种精神品质已经深入到生活的每一个层面，所以屡讲而不厌；三是对人性易流于放纵欲望，沉湎享乐的警惕，故时时提起；四是现实层面的要求，在现实生活中，社会群体的流动性是保持社会活力所必需的，富贵之家要保持富贵，避免子孙坠入下层，贫寒之家要努力奋斗，升入上层，过上比较好的生活。因此，形成了贫富两类人即所有人都在保护或争取更好的生活境地。故这类格言对所有人都有现实价值，所以不断重复。这一则是在最后一个层面上谈富家之骄奢与贫士之读书的问题，前者需要力避骄奢，后者需要借助读书的方式来改变生存状态。但根基在前三个层面，即重视子孙教育，强调坚忍、刻苦、努力的精神品质，对情欲之放纵保持警惕。

第一二九则

人犯一苟字，便不能振；人犯一俗字，便不可医。

【译文】

人如果有了随便的毛病，就无法再振作起来；人如果流入俗气，就无法再医治挽救。

【评析】

人有二病不可医，对自己来讲是苟且，在他人看是俗气。苟且有多层含义，或指生活细节上的马虎随意，或指不循礼法，或指没有长远目标，安于现状。但不论在什么意义上，都可以视作人生的基本缺陷，一旦陷于其中，便无法重新振作，人就沉沦下去了。为什么这样说呢？自己的生活都安排不好，一切任意马虎，何谈有更高追求？而一旦如此，便容易养成没有上进之心，没有追求的生活状态，便容易安于现状，故谓之苟且。还有一层，是不循礼法。礼法是人类社会中长期形成的群体共识，保证社会生活有序进行，苟且之人不遵循礼法，实际是在破坏社会共识，破坏社会规范，这就更可怕了，可能就不是能否自我振作的问题了。俗指世俗之心，如用尽心机，追求物欲满足，甚至不计后果。这有两方面的社会破坏力：一是破坏了社会基本共识和共有规范，二是自我陷于不可修复改正的境地，沉沦于物欲之中不能自拔。人一旦染上俗气，本心被遮蔽，且满足于所得所利，往往不可改正，这是最可怕的地方。

第一三〇则

有不可及之志，必有不可及之功；有不忍言之心，必有不忍言之祸。

【译文】

有常人不可企及的远大志向，必然能成就超凡的功业；不忍心规劝别人的过错，必然要遭受由此带来的祸患。

【评析】

这一则从积极和消极两个层面上谈人生，运用汉语否定式修辞方式向我们揭示了如何处己和处世的问题。从积极层面上看，人生要有大志，是说处己要有高要求、高目标，先要立志，且立大志，才有可能成就大事。孔子说十五而志于学，即是讲立志的问题，这里的学不是简单的学习，而是学习体悟圣人经典，树立高远志向，从中学到积极入世的本领。唯有志向高远即文中所谓"不可及之志"，才有可能建立不可企及之功业，也就是说人要立定脚跟，又要放开胸怀，志存高远。中国古代不少"成功人士"的传记中，多强调少有大志，本则大概就是从这些故事中得到的人生启示。从消极层面上看，本则中有关处世的主张与其他条目中屡次说要慎言不同，反对有"不忍言之心"，一切只求自保，不敢面对现实，表现为不愿、不忍规劝别人，放由事情向不好的方向发展，就有可能带来不可预料的、甚至严重的后果。这也是由历史经验中总结出来的，不过，平凡生活中遭遇这类祸端的可能并不多，倒是政治生活中充满了风险。

第一三一则

事当难处之时，只让退一步，便容易处矣；功到将成之候，若放松一着，便不能成矣。

【译文】

事情到了难以处理的地步，只需退让一步，就变得容易处理了；功业到了即将成就的时候，若是放松了一毫，就无法成就了。

【评析】

中国古人讲的退步哲学并非都是消极意义，其中也往往包含着积极的生活智慧，如本则所言。有时候，要退让一步，特别是当处于艰难境地时，说的是不要过分固执，要等待时机，并非退而不前。固执与坚定是两种不同的生命品性，固执是执着于一端，一是我执太重，不懂得放开，二是眼界太小，看不到其他出路，所以该放下时要放下。而坚定则是看准目标，坚持不懈，不能半途而废，防止一旦放松，失去成功的可能。这一则讲人生应该懂得放手和勇于坚持的道理，是一件事情的两面，有时可以放开，做退一步想，有时则需要坚持，坚定地追求目标，更上一层楼。二者之别仅在丝毫之间，人生的智慧就表现在这丝毫之间拿捏得恰到好处。

第一三二则

无财非贫，无学乃为贫；无位非贱，无耻乃为贱；无年非夭，无述乃为夭①；无子非孤②，无德乃为孤。

【注释】

①无述：没有值得记述的。

②孤：原指幼儿丧父，这里指受到孤立的人。

【译文】

没有钱财并不算贫穷，没有学识才是真的贫穷；没有地位并不算卑贱，没有廉耻才是真的卑贱；没能长寿不算是夭折，没留下可记述的事迹才算夭折；没有子嗣不算孤立无援，没有德行才是真的孤立无援。

【评析】

这一则皆从精神、道德层面立论，认为学问、有耻、有述、有德才是人生的终极价值所在。一般人的现实追求无外乎财富和地位，再进一步就是求长生，求多子孙，这些都无可厚非。但作者指出人生还有更高一步的追求，或者可以换一个角度看问题。如财富固然可以是衡量贫富的一个标准，但追求学问，用学问来指导人生，提升人生品味也是一种财富，比较只有物质财富，没有以学问支撑的精神财富才是贫穷。又比如，没有社会地位并非就是低贱，真正的低贱是无耻。精神上的高贵与拥有地位却无羞耻之心相比，作者认为前者更重要。无耻是中国人骂人最重的一句话，因为羞耻是人的最低道德底线，过了这个底线便是非人类了，所以更重要的是精神道德人格的完善，而不是以无耻之行获得的地位。人生夭寿长短不齐，人们更愿意追求高年长寿，但作者认为年寿长短并不重要，重要的是有无值得记述的人生，是否做了有价值和意义的事。多子多孙是中国古人衡量人生价值和意义的一个重要指标，无子而孤在一般意义上看是非常悲惨的，但与无子而孤相比，更重要的是是否成为一个道德高尚的人，无德才是真正孤立。

第一三三则

　　知过能改，便是圣人之徒；恶恶太严①，终为君子之病。

【注释】

①恶（wù）恶（è）：憎恶坏人坏事。

【译文】

能认识到自己的错误并且改正，就算得上是圣人门徒；憎恶、攻击坏人坏事过于严苛，终究会成为君子的过失。

【评析】

知过能改前面已经说过了，是从对自己的要求上说的，一个人必须严肃对待自己，特别是错误，要能知过、能改过。下句是站在对待他人的立场上说的，错误之极便是恶，依常理，对恶行不能放过，否则便是纵恶为非。但这是理想层面，中国人站在现实立场上一般采取更现实、更宽容的态度，反对对待恶德恶行过于严厉苛责。因为，恶恶太重可能将恶推向不归之路，使恶向更严重地步发展。而同时，从自保的立场上看，过于严苛也易于招来报复，反而有伤于己。本书所说的各种处世道理都是站在现实层面而发，表现出对现实人生险恶的种种细微体察，充满了应对复杂人生的智慧，这是值得学习的。但事情的另一面是退缩保守的人生态度，缺乏社会责任感和执着于高尚道德的坚毅。对于恶恶太过的问题，固然有宽容的一面，也自然少不了纵恶的一面。

第一三四则

士必以诗书为性命^①，人须从孝悌立根基^②。

【注释】

①士：古代四民之一，位于庶民之上。此处指士子，为读书人的统称。性命：人的生命的统称。这里指

安身立命的根本。

②孝悌（tì）：亦作"孝弟"，指孝顺父母，敬爱兄长，是封建伦理道德之一。《论语·学而》："孝弟也者，其为仁之本与。"朱熹曾为"孝弟"注解："善事父母为孝，善事兄长为弟。"根基：基础。

【译文】

士子必须以诗书为安身立命的根本，做人必须以孝顺父母、敬爱兄长为立身处世的根基。

【评析】

这一则从生命的根基处立论，但分为两类。一类是士，士、农、工、商是中国古代的四个阶层，士是最高的阶层。作为士，不论在精神上还是在现实生活中，诗书等经典的学习是根本，同时也是获取入世资本的工具，故这里说士要以诗书为性命。一类是人，是包括士在内的所有人，在古人看来，人的根本在孝悌，以孝悌将血缘关系紧密连接在一起，是人伦之本。如果没有孝悌，则人将不人，便失去了成为人的基础。士当然也讲孝悌，是通过学习诗书等经典养成孝悌之心，而普通意义上的人的孝悌则需要通过社会传播等手段获得，这是二者的不同。但在本质意义上是一致的。

第一三五则

德泽太薄①，家有好事，未必是好事，得意者何可自矜②？天道最公，人能苦心，断不负苦心，为善者须当自信。

【注释】

①德泽：德化和恩惠。

②自矜：自我夸耀。

【译文】

德化和恩泽过于绵薄，即便家中有好事，也未必会是好事，得意的人有什么值得自我夸耀呢？天道是最公平的，人如果能够刻苦努力，上天就一定不会辜负他，行善的人心中要有这份自信。

【评析】

道德上的善是自然良知，但在现实社会中却有温厚、凉薄之别。谁来掌管人的良知呢？哲学上倡导德性在我，讲求良知内在自足，只要去除外在的遮蔽，日新其德，并通过长期的自我修养便可进入道德自觉之中。但理想上的论述并不能直接发生现实作用，社会通过礼法来监管，保证社会平稳和谐。而礼法并不总是公正无私的，加之权势阶层的道德虚伪化，礼法控制社会的能力也会消失殆尽。于是最终回到相信天道，只有上天能够进行公正地裁判。所以作者说一个人德性寡薄，不能泽及社会，似乎占了便宜，但天道总有裁判之时，好事便会转化为坏事，故说人不能太矜伐，自以为得意。"苦心"是吃得了苦，受得了罪，这样的人内在具有坚持之心。人能有"苦心"，虽历经苦难而能忍受苦难，终能得上天垂青。但天道信仰也是非常脆弱的，因为人无法看到比生命更久远的裁判，而历史的经验和教训又并不是直接裁判，天道也易流于虚化。但在道德仍未解体的时代，天道信仰的时代总比没有任何畏惧的时代更好一些吧。

第一三六则

把自己太看高了，便不能长进；把自己太看低了，便不能振兴。

【译文】

过于高估自己，就无法进步；过于轻视自己，就不能振兴。

【评析】

这一则讲如何对待自我，把自己看得过高，反倒不会有太大长进，因为自视高是一种精神上的满足和优越感，容易失去上进的动力。而自视太低，缺乏自信，又容易沉沦于自卑之中，无法振奋起精神。这里讲的是精神和自信力上的平衡，失去平衡，趋向极端，便会出问题。

第一三七则

古之有为之士，皆不轻为之士；乡党好事之人，必非晓事之人。

【译文】

古代那些有作为的人，都不会轻率行事；乡里那些好起事端的人，一定都不明白事理。

【评析】

慎重、严谨是进入社会并成就大业的基本品质，面对复杂的社会现实，人必须学会有所为和有所不为，既要学会放弃，又要学会坚持，更要老成持重，把握时机，不轻率行事。除了性格因素之外，更重要的是胸怀，胸怀须远大，不拘于细小。还要眼光远大，看得远，看到行事之后的结果，把握轻重之间的平衡，而不是率意而行，不计后果。与此相比，我们身边的那些"能人"，好事之人，表面上处事精细，面面俱到，照应周全，但天性工于算计，且心胸狭小，眼光如豆，自然不是干大事的人。

第一三八则

偶缘为善受累，遂无意为善，是因噎废食也^①；明识有过当规，却讳言有过，是讳疾忌医也^②。

【注释】

①因噎（yē）废食：《吕氏春秋·荡兵》："夫有以噎死者，欲禁天下之食，悖。"意思是说，因有人吃饭而被噎死了，就要禁绝天下人吃饭，这太荒谬了。后比喻因偶然的挫折就停止应做的事。

②讳疾忌医：本作"护疾忌医"，隐瞒病情，不愿医治。比喻护短以避人规劝，有过失而不愿别人知道。

【译文】

偶尔因为做善事而受到牵累，就不想再做善事了，这就像因为吃饭噎着了就决定再也不吃饭了一样；明明知道自己有过错应当改正，却隐瞒自己的过错，就如同患了病却不愿意承认，不想医治一样。

【评析】

在中国伦理文化之中，有着太多的否定式限制，根本原因在中国古人的人性观念。虽然相信人性本善，皆具有自然良知，但后天遮蔽了人的良知，常会陷于不良的境地，故又对人性放纵十分小心。于是，在社会礼法的规定性之中便多了种种否定式限制。这一则先讲不能因噎废食，不能因为偶然因素而放弃对善的信仰。同样，也不能回避错误，特别是认识错误时，如同得了病却讳疾忌医一样。在这里，表面的限制实际上是一种积极的人生态度，由此，人才能够保持在正确的道路上。

第一三九则

宾入幕中①，皆沥胆披肝之士②；客登座上③，无焦头烂额之人④。

【注释】

①宾入幕中：本指旧时进入幕府参与议事的人，后比喻极其亲近并可以信任的人。

②沥胆披肝：亦作"披肝沥胆"。比喻对人忠心耿耿，竭诚尽忠。沥，滴下。披，打开。

③客登座上：本指被引为上座的宾客，形容极其亲近的朋友。

④焦头烂额：本形容救火时烧焦额，灼伤头，后比喻处境十分狼狈、窘迫。《汉书·霍光传》："曲突徙薪

亡恩泽，焦头烂额为上客。"

【译文】

凡被自己视为亲近可信的人，必须是能对自己竭尽忠诚之士；能被自己当做密友的人，必定不能为狼狈窘迫之辈。

【评析】

明清下层读书人无法获取功名，以入幕为宾的方式谋生，成为幕宾，俗称师爷。幕主与幕宾之间既是上下级的雇佣关系，又是朋友关系。故这里讲虽为幕宾，也要尽心职守，尽力办事，又要与幕主情意相投，肝胆相照。同时，幕宾或掌钱粮，或掌刑诉，这样的身份自然少不了宾朋往来，因此，交友就要小心，要讲素质，讲身份，不要与不良图利的小人来往。这一则实际上是讲职守的，这里的职守不同于官员，但同样要有忠于职守的良好素质，披肝沥胆的交谊，还要不交小人。

第一四〇则

地无余利，人无余力，是种田两句要言①；心不外弛，气不外浮，是读书两句真诀。

【注释】

①要言：至理名言。《战国策·卫策》："此三言者，皆要言也。然而不免为笑者，早晚之时失也。"

【译文】

没有多余无用的土地，不能浪费，没有闲置无用的人力，不可偷懒，这是耕作时要明白的两句至理；心神要专注，心气不外浮，这是读书时要谨记的两句诀窍。

【评析】

这一则是从耕读传家的文化传统上讲的。种田的人务要使土地无余利，将土地的一切生产能力挖掘出来，更要吃得苦，尽得力，不留力气，才能够获得良好收成。这种朴实的人生道理是农耕社会的基本生活信仰。士人读书同种田是一个道理，也要努力。读书如同种田，是非常辛苦的，要付出心血心力，还有身体。而外在的诱惑又非常多，枯坐书桌，往往是很难长期忍受的。读书的最大忌讳是心意外弛，不专心，心浮气躁，不耐心，只有专心、耐心，才能学好知识，才算得上是真正读书，否则将一事无成。

第一四一则

成就人才，即是栽培子弟；暴殄天物①，自应折磨儿孙。

【注释】

①暴殄（tiǎn）天物：残害天生万物。《尚书·武成》："今商王受无道，暴殄天物，害虐庶民。"后指任意浪费。殄，灭绝。

【译文】

通过培养让有才能的人有所成就，就相当于栽培自己的子弟；不知爱惜物力，任意浪费，自然会在日后折磨自己的儿孙。

【评析】

教育不仅是对自己子孙的培养,教育是一项社会工程,是一项伟大的事业。孟子曰:"君子有三乐,而王天下不与存焉。父母俱存,兄弟无故,一乐也;仰不愧于天,俯不怍于人,二乐也;得天下英才而教育之,三乐也。君子有三乐,而王天下不与存焉。"三乐之一便是乐育天下英才。所以这里讲成就人才,要如同培育自己的子弟。这有两层含义:一是待之如子弟,是讲慈爱之心;二是英才是天下的英才,是讲爱才之公心。下句从反面讲,富贵之人易于奢侈浪费,此虽是自己的钱财,但财富是天下人的,浪费是可耻的,故暴殄天物虽是自己的行为,却要受到天道报应,往往殃及子孙。从这个意义上否定浪费奢侈是中国文化的一个突出特征。将儒家的天道与佛教的报应结合起来,把自己与子孙连接起来,说服人去除奢侈之风,是否能起作用呢?这要看整体社会文化的信念是什么。当整个社会文化沉迷于奢侈享乐的时候,听起来如耳边风,但如果相信天道与报应,还是会起到一定的作用的。

第一四二则

和气迎人,平情应物①;抗心希古②,藏器待时③。

【注释】

①平情应物:以平常心对待事物。

②抗心希古:心志高亢,仰慕古人。意思是说以古代贤者的高尚心志勉励和期许自己。抗,高亢。

③器：本指用具、器物。引申为才能、本领。

【译文】

用和气态度对待别人，用平常心看待事物；以古代贤者的高尚心志勉励自己，隐藏才华以等待可施展的时机。

【评析】

这一则讲"平情"与"抗心"，这是两种不同的情感。接人待物要和气，以平静、平常的心态对待世务，这种道理前面也说过，基本特点是待人要宽容、宽厚，好处是不起争心、忿心。但对自己要有更高的要求，要以古圣贤为榜样，以高尚志向鼓励自己。但"希古"不是目的，更重要的是练就本领，等待时机，做一番大事业。在这里，"希古"有两层含义，一是以古圣贤为标榜；二是由此立大志，才是做大事业的开端。而"藏器待时"也有两层含义，一是做好准备，才能更好地把握时机；二是时机不多，要有耐心去等待。

第一四三则

矮板凳，且坐着①；好光阴，莫错过。

【注释】

①矮板凳，且坐着：形容读书、做学问要能坐得住，耐得住寂寞。

【译文】

读书治学很辛苦，要耐得住寂寞；大好的光阴，不可轻易错过。

【评析】

这一则是对读书人讲的。对大多数人来说，读书是得到进入社会钥匙的唯一途径，更高层面上讲读书是人生修炼的第一步，通过读书获取知识，认识社会，体悟人生，是每个人的必然之路。但读书充满艰辛，一是要长期忍耐平静而枯燥的生活，且付出比常人更多的时间和精力；二是读书的结果并不确定，尤其在古代只有获取功名入仕为官一条路时更是如此。所以作者说要耐得住寂寞，坐得了板凳。学习是人一生都不能停止的生命过程，但最好的时光是少年青春时期，所以作者告诫青年读书人，要珍惜时光。

第一四四则

天地生人，都有一个良心；苟丧此良心①，则其去禽兽不远矣②。圣贤教人，总是一条正路；若舍此正路，则常行荆棘之中矣③。

【注释】

①苟：如果，假如。

②去：相距，离开，距离。《孟子·离娄下》："人之所以异于禽兽者几希；庶民去之，君子存之。"

③荆棘：本指丛生有刺的灌木，后比喻纷乱而艰险的局势或处境。

【译文】

人生在天地之间，都有一颗良善之心；如果丧失了这颗良善之心，就和禽兽没有什么差别了。圣贤教化别人，总会指出一条正路；如果舍弃了正路，就会像走入荆棘丛中一样艰难受阻。

【评析】

《孟子·公孙丑下》："恻隐之心，仁之端也；羞恶之心，义之端也；辞让之心，礼之端也；是非之心，智之端也。"良心就是由恻隐、羞恶、辞让、是非之心构成的社会关系和道德关系，对外而言指人们在履行社会义务过程中的道德责任感，对内而言指自我内在具有的品质，由此形成道德感。在此基础上，王阳明提出的良知学说即来源于孟子"人之所不学而能者，其良能也；所不虑而知者，其良知也"（《孟子·尽心上》），是一种天赋的道德观念。王阳明说："良知之在人心，不但圣贤，虽常人亦无不如此。"丧失良心，就与禽兽不远了。这是圣人指出的一条人生正路，不走正路，对个人而言，良知泯灭，几于非人。如果社会失去良知，社会混乱，离动荡就不远了。

第一四五则

世上言乐者，但曰读书乐，田家乐；可知务本业者①，其境常安。古之言忧者，必曰天下忧，廊庙忧②；可知当大任者，其心良苦。

【注释】

①务本业：指专心从事自己的职业或专业。
②廊庙：本指庙堂，后多指代朝廷或国家政事。

【译文】

世人谈到快乐的事，只说读书求知乐，耕作收获乐；由此可见只要专心从事自己的本业，就会时常处在安乐的境遇中。古人说到忧心的事，一定是指为天下苍生、国家政事而担忧；由此可见身负重任的人，真是用心良苦。

【评析】

忧乐是性情之必然，是性灵的外现，徐复观说："儒家重视乐，但儒家对己是乐，对天下国家而言则是忧，所以孟子说'故君子无日无忧，亦无日不乐'，因为儒家的乐，是来自义精仁熟。而仁义本身，即含有对人类不可解除的责任感，所以忧与乐是同时存在的。"（《中国艺术精神》）忧乐并存于人的精神和生活之中，对个体而言，追求乐境是生命意义的充分实现，而身处现实则要以深厚的忧患意识投入其中。二者并不矛盾，甚至可以说是相互补充，因此，才会在现实面前既保持博大的胸怀和深厚的理性精神，也不乏对个体生命意义的内在追求，更不乏对现实快乐的追求。忧乐精神的最著名表述是范仲淹，他在《岳阳楼记》中提出了"先天下之忧而忧，后天下之乐而乐"，成为古代士人伟大精神的宣言。但这则文字说的是一般意义上的快乐，主要是说人要安于本业，不作非分之想，也有一层知足常乐的意思。这只是从普遍个体意义上说，没有太多深意，代表着凡俗普通人生的追求。后一句说忧，是从士大夫角度说，天下、国家、社会都是忧患对象，这种精神深深地隐藏在士大夫心中。而忧患意识是一种危苦意识，要抵御乐的诱惑，忍受常人所不能忍的艰苦，没有信仰和理想主义精神便不可能具备这样的精神。这一则很有意思，乐忧分说，人民求乐，士大夫处忧，应该说是一种合理的认识。士大夫负有治理社会的责任，应怀有先忧精神，而人民只要安于本分，自然应该享受国家为人民提供的正常幸福。但这话不能倒过来说，人民处于忧患痛苦之中，而官员奢靡享乐，那离社会动荡就不远了。

第一四六则

天虽好生，亦难救求死之人；人能造福，即可邀悔祸之天。

【译文】

上天虽然有好生之德，但也很难拯救一心想死的人；人如果努力做善事给自己造福，就能得到上天的赦免，免除灾祸。

【评析】

这一则从生死两方面谈珍惜生命，谈生命的价值。一是重生轻死。中国文化最为重视生命，在儒家思想看来，身体发肤受之父母，不能轻易毁伤。所以有杀身取义，少有轻弃生命的自杀之举。他们更愿意相信上天有好生之德，生是天地自然中天经地义的事，而不正常的死亡则是对天地之义的违背。但天虽有好生之德，对一意求死之人也难有帮助，所以这里作者加以劝说，以免除有些人求死之心。二是生命的价值在于造福社会，多造福，不造孽，不仅可以有利社会，而且是对天德的回报，可得上天的垂青、上天的赦免，免除灾祸。不能说这里没有迷信的成分，但其本意是相信天道，而天道信仰本身就包含着对正义的追求，因而有着积极的意义。

第一四七则

薄族者^①，必无好儿孙；薄师者^②，必无佳子弟；吾所见亦多矣。恃力者，忽逢真敌手；恃势者，忽逢大对头；人所料不及也。

【注释】

①薄族：刻薄地对待族人。

②薄师：刻薄地对待师长。

【译文】

刻薄地对待族人的人，一定没有好儿孙；刻薄地对待师长的人，一定没有优秀子弟；这种情形我已经见过很多。仗力欺人的人，必然会遇到比自己力量更大的敌人；仗势欺人的人，必然会遇到比自己势力更强的对手；这都是人所预料不及的事。

【评析】

作为一个社会人，要以公正、平和、自然的心态生活，这是最基本的要求，如此才有可能构建一个相对和平安宁的社会。但有很多人的种种行为都有违于这种精神，其中一项即是刻薄，甚至对同族之人，对师长也表现出刻薄寡情的不义之举。同族是血缘最近的人，师长是最有恩于己的人，前者为寡情，后者为寡恩，不殃其身，必殃子孙、弟子。因为这种不义的情感会产生心理遗传和行为模仿，往往自遭其苦。还有一种人，恃其力而不知天高地厚。力可以有两种解释，一种身体之力，一种势力之力。前者危害尚小，后者危害甚大，因为后者借助政治、经济甚至司法势力可以为非作歹，而在专制社会中又难于处理，多数只在势力消逝之后才会有所惩治，这是非常可怕的地方。但力之外更有有力的人，从天道的角度看，天道不仅好生，天道也好还，迟早有报应。而从社会的角度看，惩治恶人要靠天道，就是很可悲的事了。

第一四八则

为学不外"静"、"敬"二字，教人先去"骄"、"惰"二字。

【译文】

求学问，不外乎"心静"、"持敬"两个要点，教导别人，要先去掉"骄傲"、"懒惰"两个毛病。

【评析】

"主静"是周敦颐提出的道德修养方法，他说："唯人也得其秀而最灵。形既生矣，神发知矣，五性感动而善恶分，万事出矣。圣人定之以中正仁义而主静，立人极焉。"（《太极图说》）"静"是宇宙的本体，也是人的本性。"持敬"是朱子学说的重要理论，"敬"是"一心之主宰而万事之本根"（《四书或问》）。"敬"与诚、义、仁等哲学范畴共同构成了朱子的哲学体系。强调人要有敬畏之心，要能持守，要"收敛"，要保持一种"常惺惺"的敬畏心态。持敬学说是人生修养的必要之路，所谓"涵养须用敬，进学则在致知"（《四书或问》）。这一则就是在理学基本范畴中建立起来的，但作者不是哲学家，甚至也不能算是学者，他只是一个践行者，因此他只是简单地提出"静"、"敬"作为治学的原则，他已经将哲学观念生活化了，在这里只是指治学要能静下来，不为外物所动，要对学问有敬畏的心态，要有严谨的治学精神。但为学并非单指学术，也指修身，二者在古代思想看来是一体的，即包含为人与为学两个方面。所以作者虽然说为学，其实也包括为人。从一般意义说，学做人，讲治学，要先去骄纵、急惰气。这两种气质最能坏事，具体表现为自我放纵，不能管制身心，或急惰浮躁，不能平心以求。这是为学之大忌。

第一四九则

人得一知己，须对知己而无惭；士既多读书，必求读书而有用。

【译文】

人难得遇到一位知己，应该做到面对知己而毫无愧疚；士子既然读了很多书，一定要追求学以致用而不枉然。

【评析】

上一句谈知己之情。知己之情是生命中最值得珍重的情怀：一是真，知己之间心意相通；二是难，知己之情最为难得，故得一知己必须珍重。既然是知己，就应该毫无世俗掩饰、虚伪等不实之举，要真诚对待，无一毫愧疚。下句谈读书有用，士人读书不是为功利，也不是空读书而不求实用。只求个人利益是功利主义的，不求有用则是虚无主义的，要有大利大用，对国家有利有用。这当然是很高的境界，低一点的则是有用于国家的同时，对自己也有用，起码要能够谋生。当然，这句话还得结合前面说过的一些道理去理解，要在不同流合污，操持性行高洁的同时，追求对社会有用，而不是为求有用于当世，苟且阿谀。

第一五〇则

以直道教人①，人即不从，而自反无愧②，切勿曲以求荣也③；以诚心待人，人或不谅④，而历久自明，不必急于求白也⑤。

【注释】

①直道：正直的道理。

②自反无愧：自己反省起来，也问心无愧。自反，自我反省。

③曲以求荣：曲意迁就以博得他人高兴。

④谅：信任，谅解。

⑤急于求白：急于表白。求白，希求表白。

【译文】

用正直的道理教导别人，即便别人不听从，自己反省起来也会问心无愧，千万不要靠曲意逢迎来博得别人高兴；

用真诚的心对待别人，别人或许当时会误解，但日久见人心，不用急着去辩解。

【评析】

这一则讲为人之道，首先要正直，要诚实无伪，而且要有自信，相信诚实最终会得到理解。"直道而行"见孔子《论语·卫灵公》："子曰：吾之于人也，谁毁谁誉？如有所誉者，其有所试矣。斯民也，三代之所以直道而行也。"直道就是有耿直、刚毅之气，充满正气，是说君子应该固守直道，不随物而变。朋友相交当以直道，不能曲情求容，或不分曲直，甚至以曲为直，最可怕的是曲身求荣，以曲意逢迎为晋身之阶。这样做有两个好处，一是尽朋友之道，二是无愧于心。以诚待人是真正的为人之道，诚实无伪，无隐无藏，甚至不计得失；但也容易得罪人，得不到别人的理解。可如果从长远角度看，诚者久也，诚实才能久远，也才能历久而明。因此，不必担心别人的误解。

第一五一则

粗粝能甘①，必是有为之士；纷华不染②，方称杰出之人。

【注释】

①粗粝：粗粮。这里形容艰苦的生活。

②纷华：繁华盛丽。《史记·礼书》："自子夏，门人之高弟也，犹云'出见纷华盛丽而说，入闻夫子之道而乐，二者心战，未能自决'。"

【译文】

能够甘于粗茶淡饭生活的人，必然会大有作为；不把富贵荣华放在心上，才能称为是杰出的人。

【评析】

宋人有云："咬得菜根，则百事可做。"即是说一个人如果能够甘于清贫，必能成为一个有用的人，必能有所成就。为什么能甘于粗茶淡饭的人能成大事呢？因为他具备了成就大事的可能：一心境自然平和，二不受物欲牵累。安于贫穷是优秀的品质，安于富贵而不骄奢淫逸则更为可贵，所以作者说身处繁华物欲之中而不为所染，没有染上放纵情欲的恶习，才可称杰出。从人之常情来看，安于贫困、素乎平淡容易，只要能把持住自我，安顿好心性。安于富贵则不容易，奢靡之风熏染之下，鲜有能自振拔者，如果能拒绝种种诱惑，出污泥而不染，确实可称君子，可称杰出。

第一五二则

性情执拗之人，不可与谋事也；机趣流通之士①，始可与言文也。

【注释】

①机趣：犹天趣、风趣。流通：流转通行，不板滞。

【译文】

性情执拗乖戾的人，往往不能和他一起商量事情；性情风趣通达的人，才可以和他一起讨论学问之道。

【评析】

这一则是讲心性的，有的人心胸狭隘，是为小人，应避而远之；有的人固执乖戾，是为狂怪之人，不可与谋事。这两类人都难于共事，因为他们从不站在别人的立场考虑事情，无法求得共同点。但心胸狭隘之人有着强烈的谋利之心，乖戾之人则只是任情而行，不顾他人，二者还是不同的。一个可以与人处得很好，受大家欢迎的人，应该是心性灵通，风趣自然，不拘泥，不固执。机趣是灵明、生趣的人生境界，不是机敏，机敏之人反应快、点子多，但心术不够纯正，而机趣流动的人首先是胸怀正大，又通达人情。

第一五三则

不必于世事件件皆能，惟求与古人心心相印。

【译文】

对世间的事没必要件件都知晓明白，只希望和古人的心意情趣能够相通。

【评析】

这一则是对个体存在意义的探讨，作者认为从能力上看，所有人都是有局限的，不可能事事皆能，件件皆了。世界上具体事物是无限的，而人的生命和能力是有限的，不必浪费生命去追求无所不能的境地，更重要的是获得精神的满足，从而获得精神的愉悦。如何获得这种精神上的愉悦呢？可以从古人的精神世界中得到。这里有个前提，即对古人思想世界、精神境界的认同，才能在获取知识的同时，又能得到心灵的满足。明代的谭元春说过一段非常形象的话："专其力壹其思，以达于古人，觉古人亦有炯炯双眸，从纸上还瞩人。"这样读书，精神的满足与愉悦真可谓无以复加了。

第一五四则

凤夜所为①，得无抱惭于衾影②；光阴已逝，尚期收效于桑榆③。

【注释】

①凤夜：早晚，朝夕。《三国志·蜀书·诸葛亮传》："受命以来，凤夜忧勤，恐托付不效，以伤先帝之明。"

②衾（qīn）影：语出刘昼《刘子·慎独》："独立不惭影，独寝不愧衾。"后将私生活中没有丧德败行之事称为"衾影无惭"或"无惭衾影"。衾，被子。

③桑榆：比喻晚年。

【译文】

每天回想起早晚的所作所为，都应该没有丧德败行的事；时光流逝再不回头，却依然期待能够在晚年有所成就。

【评析】

中国古代文化十分强调自我反省，孔子就说要"日三省吾身"。但古人所说的反省多为道德反思，即强调要以高尚的道德要求自己，克制私欲。在社会交往过程中，一个人的道德伦理水平表现在接人待物之中，因此，需要对这个过程中的言行进行反思，同时还要保持长久不懈，所以这一则强调每天早晚都要进行反思，保证自己所言所行没有丧德败行之事。下句是对个人说的。时光的流逝是不以人的意志为转移的，对大多数人来说，随着时光的流逝，多会生出无奈、失望，进而完全放弃的心理状态。但作者强调虽然光阴无法挽回，老年生活也并非毫无意义，只要保持富于理想的生活状态，老年人也同样可以有所成就。应该说这是一种积极的生活态度，人生在不同阶段都是可以有所收获、有所成就的。

第一五五则

念祖考创家基①，不知栉风沐雨②，受多少苦辛，才能足食足衣，以贻后世③；为子孙计长久，除却读书耕田，恐别无生活，总期克勤克俭④，毋负先人。

【注释】

①祖考：祖先。

②栉（zhì）风沐雨：以风梳发，以雨洗头。比喻奔波劳苦，不畏风雨。《庄子·天下》："腓无胈，胫无毛，沐甚雨，栉疾风。"

③贻：留给，遗留。

④克勤克俭：既勤奋又节俭。克，能够。

【译文】

祖先开创家业的时候，不畏风雨地奔波劳苦，历尽了多少艰辛，才能做到衣食无忧，并且留下家产给子孙后世；如果要为子孙做长远打算，除了读书与耕田外，恐怕没有更好的生活方式了，希望后世子孙们能够勤俭生活，不要辜负了先人的辛劳。

【评析】

这一则从子孙与创业者两个角度谈家业的传承和家风的树立。家业的传承是中国古人最为关注的，他们注意到，家业传承的起点在珍惜之情。有了这个起点，才有可能谈得上承续。作为继承者，要珍惜先祖留下的福泽，有此珍惜之念，方有可能想到创业之艰难，有此念头，才有保住家业的意识。而作为家业开创者，要有为子孙长久计的胸怀，而长久之计并不在于财富的多少，因为财富易于使人滋生享乐之心，养成侈靡之习，反倒保不住财富。根本点在让子孙懂得努力做事的基本道理，在古人看来，就是读书和耕田，读书保证家族的文化底蕴，耕田保证家族的财富来源，唯有如此，才能使家业传承不绝。同时，还要教育子孙养成勤劳节俭的品性，以勤劳的精神和态度做事，以节俭自奉的精神自励。《左传·庄公二十四年》指出："俭，德之共也；侈，恶之大也。"司马光解释说："共，同也，言有德者皆由俭来也。夫俭则寡欲，君子寡欲则不役于物，可以直道而行，小人寡欲则能谨身节用，远罪丰家。故曰：'俭，德之共也。'侈则多欲，君子多欲则贪慕富贵，枉道速祸，小人多欲则多求妄用，败家丧身，是以居官必贿，居乡必盗，故曰：'侈，恶之大也。'"按司马光的解释，有德者必俭，失俭即失德。节俭不仅仅是为了钱，而是一种操守和品行。古往今来，这样的话不断地说，已经凝聚为中国的基本文化精神，但现实却又是另一样，原因正如这里所说，不外乎创业者示范不足，恶习传播，而后人不思进取，不懂珍惜。对此人们不可不警惕。

第一五六则

但作里中不可少之人^①，便为于世有济^②；必使身后有可传之事，方为此生不虚。

【注释】

①里中：乡里。

②济：接济，帮助。

【译文】

只要让自己成为乡里不可缺少的人，就能算作是对世间有所贡献了；一定要使自己身后有为人称道的事迹，才能算做不枉这一生。

【评析】

做人不求伟大，但求无愧，不求虚名，但求有用，这是中国人普遍的人生信条，这一则讲的就是这个道理。人生存在这个世界上，首先是生活在某个具体的环境中，要获得生命价值，就要看是否对自己的生存环境作出贡献，能够做到这一点，甚至成为一个乡里不可缺少的人，便是充分实现了人生价值。这种朴实的生命观念应该成为普通人的价值观。下句是从整个生命价值的角度来讲，生命的消逝对家庭来说是痛苦的，但放在社会的长河中，对整个社会而言，又是正常的，是再普通不过的事。因为个体生命是家庭的重要组成部分，是由血缘紧密联系在一起的，而社会对个体价值的衡量是通过个体对社会的贡献进行的。因此，一个人如果死后还有被人们传诵的事迹，就是实现了对社会的贡献，就能得到社会认可，此生方不为虚度。

第一五七则

齐家先修身①，言行不可不慎；读书在明理②，识见不可不高。

【注释】

①齐家：治理家务。修身：修养身心。

②明理：明白事理。

【译文】

治理家庭先要修养自己的身心，一言一行不能不谨慎；读书的宗旨在于明白事理，见识不能不高于常人。

【评析】

儒家讲修身、齐家、治国、平天下，是一个循序渐进的过程。这一则上句是谈最基础的齐家，即治家。中国古人认为家庭作为社会的基本单位也需要治理，如夫妻如何相敬，子女如何教育，行为如何规范，家风如何形成等等。作为一家之主首先要树立良好的榜样，即如何修身。只有自我修养良好，才能起到示范作用。而良好的修养主要表现在具体的言行当中，因此一言一行都要谨慎，不可浮泛放纵。下句讲读书，读书不仅在于获取知识，还在于明白道理，只有明理，心性通明，不为外物遮蔽，才会有见识。有没有见识是衡量一个人认识和思想水平境界的一个概念，见识高不高，关键在道理通不通。

第一五八则

桃实之肉暴于外，不自吝惜，人得取而食之；食之而种其核，犹饶生气焉，此可见积善者有余庆也①。栗实之肉秘于内，深自防护，人乃破而食之；食之而弃其壳，绝无生理矣，此可知多藏者必厚亡也②。

【注释】

①余庆：犹言余福，即泽被后人。《易·坤·文言》："积善之家必有余庆，积不善之家必有余殃。"

②厚亡：损失很大。

【译文】

桃实的果肉暴露在外面，毫不吝惜，方便人们取着吃；人们吃完后将桃核种在土里，它就会再长出幼苗，生生不息，由此可见常做善事的人必有余福留给后代；栗子的果肉藏在皮内，尽力保护自己，人们撕开果壳才能吃到，吃完就把果壳扔了，绝无可能再长出新苗，由此可见积藏太多却不想付出的人必然会损失惨重。

【评析】

这类人生处世格言在形式上有两个特点,一是浅显,二是形象,这样才能使人易懂,本则就是借桃子和栗子两种常见果实来说明处世的道理。人要多行善积德,要像桃子一样果肉外露,这有两个好处,一是方便人食用,二是桃核露出,可以进行再繁殖。人要行善,也是这个道理,既帮助了别人,也有助于自己,当然不必现世报,而是积累德性,福泽后人。人不必过多积累财富,如同栗子,外壳坚硬,人破其壳而食之,内外俱伤,不能再繁殖。为什么多积财富便不能长久呢?一是社会财富是有限的,一个人占有过多,实际上是对大多数人的剥夺,会引起社会的不满;二是要保证财富的延续和增值,就必须实现共享,这就要求富人多行善,使财富外露供人享用,这样便不会陷入断绝且无以再生的困境。

第一五九则

求备之心①,可用之以修身,不可用之以接物;知足之心,可用之以处境②,不可用之以读书。

【注释】

①求备:求全责备,即追求完美。

②处境:处身于外界环境,待人接物。

【译文】

追求完美的想法,可以用来完善自身的修养,却不适合用来待人接物;知足常乐的想法,可以用来应对周围的环境，但不能用在读书求学上。

【评析】

这种格言式的劝诫总是力图使表达的内容更全面，照顾到各种生活情境，但生活是丰富和不断变化的，格言也只能是原则性述说。为了补足这种缺憾，作者对同一个原则结合不同处境不断阐释，不厌其烦。这一则就是如此，前面已经说过对待他人和对待自我的不同，这里仍再说一遍，强调对人不能有求全责备之意，对自己要严格，不能放过丝毫，而不能倒过来。人要知足常乐，安于本分，安守本心，但知足是生活的基本智慧，是无法改变环境时采取的退守姿态。而对读书人来说，则要有上进之心，切不可有知足之意，否则便无上进之路。因此，任何道理都是相对的，不是放之四海而皆准的，不同的人，不同的情境，都应有不同的应对方式。

第一六〇则

有守虽无所展布①，而其节不挠②，故与有猷有为而并重③；立言即未经起行④，而于人有益，故与立功立德而并传。

【注释】

①展布：本指陈述，这里指施展、推广。

②挠：屈服。

③猷（yóu）：道义，法则。

④未经起行：没有付诸行动。

【译文】

有操守的人虽然没有传布道义的功劳，但是他们能够守节不亏，所以和有道义、有作为同样重要；通过著书立言来彰显道义，虽然没有付诸实际行动，但是给听闻的人带来好处，因此可以和立功、立德一样被世人传颂。

【评析】

中国古人有三大人生目标：立德、立功、立言。立德是圣人，传布实行者是贤人，立功是第二位的，其次才是立言。对古人来说，立德是不可企及的人生境界，故退而求其次，讲求立功，所以，中国文化最重视实践。但实践者却有三类，一类是以儒家思想为指导的实践者，一类是没有道德信仰的功利之人，一类是以理想主义精神投身现实的气节之士。这第三类人，他们讲求原则，坚守信仰，但在现实面前大多碰得头破血流，成为失败者，无法完成立功追求。这样的人虽没有建立功业，但正是由于他们的坚守，以儒家之道改造社会的伟大理想得以不失。因此，人们认为这些人虽然没有建立功业，但其价值和意义与建立功业之人是一致的，应该尊重。这是中国文化的一个重要特征，是文化精神延续的重要保证，正因为如此，中国才能历经战乱、动荡、混乱而没有失去支撑社会的精神力量。还有一点也非常重要，追求功业固然伟大，再退而求其次的立言也仍然是了不起的。因为立言者虽不能也没有机会施行自己的主张，但他们的思想和精神却是有益的，所以应该与立德、立功者并重。一个社会没有思想的支撑便无法成为一个和谐的社会，发展进步的社会，中国文化一直认同并允许"空言"的存在，表示了古代社会的宽容和眼光的长远，因为思想是面对未来的。

第一六一则

遇老成人①，便肯殷殷求教②，则向善必笃也③；听切实话，觉得津津有味，则进德可期也。

【注释】

①老成人：指年高有德的人。

②殷殷：恳切，诚恳。

③笃：真诚，纯一。《论语·泰伯》："君子笃于亲，则民兴于仁。"

【译文】

遇到年高有德之人，便恳切地请求教诲，这样的人向善之心一定十分真诚；听到诚恳实在的话，觉得津津有味，这样的人在德业上不断进步是能够想见的。

【评析】

司马光在《资治通鉴》中有过一段著名的论述，论圣人、君子、小人、愚人之别，认为才德俱全为圣人，德盛而或才少为君子，小人多才而少德，才德关系成为判断君子、小人的标准："才者，德之资也；德者，才之帅也。"他提出："取人之术，苟不得圣人、君子而与之，与其得小人，不若得愚人。"愚人就是老成人，这些人在中国社会中得到普遍认同，这些人有使人尊重的德行，不走极端，待人接物诚恳朴实，所以作者主张要向这样的人殷勤求教，久了便有向善之心。要多听这些人的话，因为诚恳、朴实的言辞才是最真诚的，对人进德修业极有好处。切不可听过分修饰的虚伪奸诈之言，沦于伪善便无法复归纯朴本性，会德性败坏。

第一六二则

有真性情①，须有真涵养；有大识见，乃有大文章。

【注释】

①性情：人的秉性和气质。

【译文】

要想有至真至纯的性情，必须先要有真实的修养；有了广博的见识，才能写出不朽的文章。

【评析】

真性情在不同的文化情境中，含义是不一样的，有的强调合乎道德伦理之真，有的强调自然真实之真。前者突出性情的合理性，要靠长期的人生修养得来，从对古圣人之道的体认中来；后者突出人性自然的一面，只要顺应自然，无伪饰，便是真性情，讲求随性。本则当然是前者，认为真性情是从长期的道德涵养中来。同样，见识也是从读书、体察、涵养中来的，只有有真正的大见识，才会有大文章。古人所谓"有德者必有言"，说的正是这个道理。这里说的大文章并非指技巧的优秀，而是思想的深刻，能够洞察人性、社会情伪。

第一六三则

为善之端无尽，只讲一"让"字①，便人人可行；立身之道何穷，只得一"敬"字，便事事皆整。

【注释】

①让：礼让，推辞。

【译文】

做善事的方法无穷无尽，只要讲求一个"让"字，就人人都能做善事；立身处世的道理无穷无尽，只要做到一个"敬"字，所有的事情就都能井然有序。

【评析】

现代人多把做善事理解为慈善，在力所能及的情况下帮助别人才是行善，其实这是把善狭隘化了。做善事的方式很多，一言一行，一举一动，只要符合社会道德，合乎圣人之言都属善行。具体而言，在处理具体事务中，能够体谅他人，体察人性，只要保持不求利，不争不夺的心态，处处礼让，在作者看来，就是善，是人人可行的。中国古人以"安身立命"来概括人生，即立身，也就是说如何安顿自我。在复杂的现实社会中，需要秉持礼敬之心，谦和辞让，真诚无伪，便能够在社会上安身立命。安身立命有两个层面，一是精神上的安顿和归宿，一是生活层面的安好，本则是从生活层面上说的。争夺是生存的本能，如同动物界争抢食物，争夺交配权，但社会的和谐不能靠争夺，争夺只能破坏社会和谐，因此，中国古人以"敬"来规范和限制争夺，属于个体道德层面的德性。但社会依然纷争不已，因为个体道德无法成为整个社会的共同追求，永远只是君子的理想，所以"敬"要推而广之，使整个社会都能遵循诚敬原则。但这仍然只是社会道德层面的建设，真正规范人性还要靠制度。

第一六四则

自己所行之是非，尚不能知^①，安望知人^②；古人以往之得失，且不必论，但须论己。

【注释】

①尚：尚且，还。

②安：哪里，怎么。

【译文】

自己的所作所为是否正确，尚且不能分辨，哪里还能知道别人的对错；以往古人言行的得失，暂且不必谈论，重要的是明白自己的行为得失。

【评析】

这一则仍然在重复前面谈过的问题，即严于律己。律己很难，首先要知己，要对自己有充分的认识，起码要对自己的行为有一个正确的判断和认识。其次，律己也是了解和进入社会的一个过程，不能了解和认识自我，便无法真正认识他人，认识社会，所以作者说要了解自己，认识自我。中国人好谈历史，历史的丰富并非人们关注的重点，历史的价值和意义在于其借鉴意义，即所谓镜鉴。但谈论古人容易，对既成事实的判断因脱离了具体情境也比较容易，所以作者强调要避开这种空谈，认识自己才是更重要的。

第一六五则

治术必本儒术者^①，念念皆仁厚也^②；今人不及古人者，事事皆虚浮也^③。

【注释】

①治术：致治之术，使国家达到强盛的方法。王充《论衡·书解》："韩非著治术，身下秦狱，身且不全，安能辅国？"儒术：儒家学术的理论和方法。

②念念：每一个念头。

③虚浮：空虚而轻浮。

【译文】

治理国家以儒家学说为本，是因为儒家学说心存仁爱宽厚；现在的人之所以比不上古人，是因为现在的人行事都存在空虚轻浮的弊端。

【评析】

中国思想和文化是非常丰富的、开放的，不只有儒家，还有道家、佛教以及诸子之学，但要治国，治理社会，规范人心，最重要和最根本的还是儒家思想。为什么呢？因为儒家思想的核心是仁，是仁爱，仁义礼智信五德中，仁在首位。仁的思想有博大宽厚的胸怀，是对人的尊重，为整个思想文化确立了一个根基。中华民族和中国文化能够延续几千年，最重要的原因就在这里，我们现在进行的文化建设中，儒家思想仍然是必不可少的。下句是站在古今对立的立场上对社会的批判，何以今不如古呢？因为虚泛浮夸，没有将仁爱思想落在实处，只是口头套话，社会如何能不乱呢？仁的思想不是一句空话，在社会层面上看，需要统治者以仁厚之心做利国利民之事，只有胸中有仁爱，才能体现在行动中。失去仁爱之心，流于空洞，成为套话，便今不如古了。

第一六六则

莫大之祸①，起于须臾之不忍②，不可不谨。

【注释】

①莫大：巨大，再大的。

②须臾：片刻。

【译文】

再大的祸患，也总是源于一时的不能忍耐，所以言行不能不谨慎小心。

【评析】

这一则非常简单，没有采用对句的形式，可能是实在写不下去了，无法与其他事项和内容联系起来。忍让甚至忍受屈辱是中国处世哲学的必修课，本则是从后果上论不忍。现实中有很多祸患都起于最初一念之不忍，所以他说要谨慎小心，不能让一时不忍坏了大事。从处理具体社会事务的角度看，这是有道理的，但要防止机心太重，坏了自己心术，还要防止放纵恶德恶行的忍，防止这种思想变成事不关己高高挂起。

第一六七则

家之长幼，皆倚赖于我，我亦尝体其情否也？士之衣食，皆取资于人，人亦曾受其益否也？

【译文】

家里的老小，都依赖着我生活，我是否曾经体察过他们内心的情感和需要呢？我们读书人的衣食供给，都来自别人的生产劳动，别人可曾从我们身上得到过什么好处吗？

【评析】

第一句说得很真诚，充满关爱之情。中国重视家庭，以礼法、家法、家规来规范家庭，有时这些法度甚至是无情的，但这只是其中一点，因为中国人重视家庭，除了血缘因素之外，还讲亲情，讲同情，讲理解。这一句便充满这种情感，家中之人或老或幼，都会有自己的情感、想法，甚至生活习惯、个性气质也都有差异，因此，作者进行了反思，提出不能只关心他们的物质生活，还要关注他们的内心情感。后一句则是士人的自我反思，读书人或曰知识人并不从事社会生产，因此没有为社会做出实在的贡献，却还要社会奉养，所以读书人要多想一想，如何为社会做出应有的贡献。

第一六八则

富不肯读书，贵不肯积德，错过可惜也；少不肯事长①，愚不肯亲贤②，不祥莫大焉。

【注释】

①事长：侍奉长辈。

②亲贤：亲近贤达的人。

【译文】

富裕时不肯读书，显贵时不肯积德，错过了这段可以有所作为的富贵时期真是可惜啊；年少时不肯敬奉长辈，愚昧无知却不肯亲近贤人请教，这是最不祥的预兆。

【评析】

富而读书是很多人的选择，唯有通过读书，获取知识，争取更高更好的社会地位，才能保证财富的延续，这个道理前面已经说过多次了。贵而积德，指在获取了较高的社会地位后，要多做好事，多做为民为国之事。读书需要大量财富的支撑，穷人家便没有这样的条件，做了高官，地位尊贵，既无物质缺乏之忧，也无精神压迫之苦，正好趁此时机做事，做好事。如果富贵人家把这两样放过，实在是很可惜的，因为社会为富贵群体提供了机会，一般人没有这样的机会。下句是从人的自然身份和社会身份上讲的，年轻人应该表现出对长者的尊重，要懂得事奉长者，而愚者即底层劳动者应该懂得尊重和亲近贤者，否则便是不祥。为什么这样说呢？尊老是中国文化传统，不知事奉长者便是对文化的结构性破坏，这没有太大问题。而亲贤的愚者是从社会等级上讲，他们认为社会的稳定源于各安其位，社会底层的人要不仅服从上层社会，还要学会从心理上恭顺，用他们的话来说是"亲贤"。但这是有问题的，这种做法不仅带有某种文化上的自大感，更是为了维护社会等级的秩序，骨子里是为了阶层利益而要求下层服从，但社会阶层秩序的平衡和合理不应该只有服从。

第一六九则

自虞廷立五伦为教^①，然后天下有大经^②；自紫阳集四子成书^③，然后天下有正学^④。

【注释】

①虞廷：虞舜之世。五伦：中国古代社会将君臣、父子、兄弟、夫妇、朋友之间的人伦关系称为五伦。强调君臣有义、父子有亲、夫妇有别、长幼有序、朋友有信。后来这些成为人们的道德规范。

②大经：常规，常道。

③紫阳集四子成书：指南宋理学大家朱熹集注《论语》、《孟子》、《大学》、《中庸》四书而成《四书集注》，成为后来科举考试的主要依据。紫阳，朱熹晚年曾建立和主持紫阳书院，故别号为紫阳先生。朱熹，字元晦，一字仲晦，号晦庵、遁翁。绍兴十八年（1148）进士，曾任秘书阁修撰等职，历仕四朝，而在朝不满四十日。晚年徙居建阳考亭，又主紫阳书院，故亦别号考亭、紫阳。他阐发儒家思想中的"仁"和《大学》、《中庸》的哲学思想，继承和发展程颐、程颢的理气关系的学说，集理学之大成，后世称朱子。

④正学：中正之学。

自从虞舜之世设立五伦教化之后，世上才有了人伦大道；自从朱子集注四书之后，天下才有了中正之学。

【评析】

中国文化是建立在氏族血缘基础上的，由族群秩序演化为社会秩序。为了维护这种秩序，自古就形成了以君臣、父子、兄弟、夫妇、朋友五种关系为基础的人伦关系，构成中国社会结构的文化根基，所以说这是"大经"。这是一个由上到下，由近及远的人伦关系图式，具有相当的稳定性，不能被破坏，也不允许被破坏。从哲学上系统论证这种秩序的合理性，完善了这个体系，并将这个体系推广开来，深入人心的最重要的人物是朱熹。他最重要的著述是《四书集注》，从他开始，此后整个古代社会的思想核心都是由"四书"构成的。他的思想生前虽被贬为伪学，但死后特别是元明清三代都被尊奉为正统，是社会统治的思想武器，所以作者称之为"正学"。上句讲"大经"，下句讲"正学"，都是就社会、思想、文化的最基础部分说起，本书的思想核心正是由"大经"、"正学"构成的。

第一七〇则

意趣清高，利禄不能动也；志量远大，富贵不能淫也。

【译文】

情趣意志清高的人，是不会被功名利禄所打动的；志向高远的人，是不会被荣华富贵迷惑心志的。

【评析】

人性本质向善，但人性的发展却受到血性气质、外在欲望的限制和吸引，很有可能向恶的方向发展。人要进行自我控制，如何控制人的自然欲望呢？一是要制定并形成相应的社会道德规范，前面已经说了很多了，二是要以清淡之物来淡化欲望的刺激，所以一个很重要的方面是养成清高自持的品德，培养高雅脱俗的意趣，不为外物所动。这样的人当然能够抵御利禄的诱惑。下句从孟子处来，孟子说："富贵不能淫，贫贱不能移，威武不能屈。此之谓大丈夫。"（《孟子·滕文公下》）但人一般容易沉溺于富贵，如何摆脱呢？古人认为要用更远大的目标去克服和战胜它。一个人如果胸怀宽广、志向高远，自然能够不为欲望所诱，做到富贵不能淫。当然，这只是理论上的设计，现实中沉溺于富贵者是很多的，物欲的诱惑是很难克服的。但从理论设计者的角度看，这反倒证明了这样的人不能成为大丈夫。

第一七一则

最不幸者，为势家女作翁姑①；最难处者，为富家儿作师友。

【注释】

①翁姑：公婆。

【译文】

最不幸的事情，就是给有势力人家的女儿做公婆；最难自处的，就是给富贵人家的孩子做师友。

【评析】

生活中有很多不幸，就家庭内部而言，最不幸的是儿子娶了一位有权势家庭的女子。这样的女子在权势家庭生长，耳濡目染，沾染上一些不良习气，如势力、骄纵，在传统大家庭最难相处。就外部而言，士人最难处的是在富人家里做塾师，或与富家儿同窗。富家子弟骄纵不受管束，追求享乐而不知努力读书，傲慢自大，目中无人，所以很难相处。这两种境遇是古代士人经常遇到的，故作者痛切言之。

第一七二则

钱能福人①，亦能祸人，有钱者不可不知；药能生人②，亦能杀人，用药者不可不慎。

【注释】

①福人：使人得福。

②生人：使人生存，使人活命。

【译文】

钱财可以让人得福，也可以让人遭祸，富有的人不能不明白这个道理；药物可以救人，也可以杀人，用药的人不能不谨慎。

【评析】

这一则是告诫人们注意事物的两面性，并以日常生活的两件事为例加以说明。任何事物都有其两面性，都是双刃剑，譬如钱财，有钱是好事，但有钱也可能带来不幸；
譬如药物，药能治病，也能杀人。知而能防才是有智慧的
人，要以谨慎小心的心理和精神状态去入世，才能保证生
命的安顺平和。在中国文化中，自古以来就强调如履薄冰
的谨小慎微，出于两点：一是社会生活本身的复杂，要求
人们时刻提防不测的发生；二是儒学的思想原则，特别是
理学产生后，影响到人们的思想和心理，要求人不能过度
放纵自我，但欲望本身又非常强烈，因此必须保持谨慎小
心的状态，防止欲望战胜道德理性。这类格言总是在告诫
人们，使人感到生活的压力并产生紧张的心理状态，不同
于我们今天突出轻松自我的生活态度，这便是生活本身和
思想的力量造成的。但反思我们今天的生活，各种欲望都
得到承认，表面上轻松自在，实际上却压力日增，其中的
一个原因便是欲望的放纵不能带来自在自主的生活，反而
增加欲望满足后的空虚和整个社会越来越陷于利益之争带
来的压力，从这一点看，古人强调控制欲望是有道理的。
另一方面，欲望放纵也带来了日益严重的社会问题，社会
日趋复杂，种种事物的两面性甚至多面性呈现出来，而且
往往是恶的一面更甚，这也是放纵私欲的结果。但现代人
又不可能回到古人的思想境界中，因为得不到整个社会的
认同，大概唯一的办法是学会小心谨慎地生活，时刻保持
对社会种种事物的警惕。

第一七三则

凡事勿徒委于人①，必身体力行，方能有济②；

凡事不可执于己③，必广思集益，乃罔后艰④。

【注释】

①徒：仅，只。

②济：成功，成就。

③执于己：固执己见。

④罔：无，没有。后艰：以后的艰难困苦。

【译文】

任何事都不能只依赖别人，一定要身体力行，才能有所成就；凡事不能固执己见，一定要集思广益，才不会有后来的艰难困苦。

【评析】

这一则讲立身做事的准则。人要安身立命，必须心中有主见，且凡事自立，不要委身事人，屈己从人，要切实力行。没有自主能力的人，品格低下的人才会做屈己事人的事。这是讲立身，要以我为主，自我做主。而谋事则需要另一种方式，切不可固执己见，顽固不化，要集思广益，要多听别人的不同意见，才能避免陷入困境。

第一七四则

耕读固是良谋①，必工课无荒②，乃能成其业；仕宦虽称显贵③，若官箴有玷④，亦未见其荣。

【注释】

①良谋：好计策，好办法。

②工课无荒：耕作和读书没有荒废。

③仕宦：做官。

④官箴（zhēn）：原指百官对帝王的劝诫，后指对官吏的劝诫。如为官忠于职守，则称"不辱官箴"，为官失职，则称"有辱官箴"。箴，劝告，规诫。玷（diàn）：原指玉的斑点，引申为过失、缺点。

【译文】

耕种和读书固然是很好的生活方式，但是必须做到两者兼顾，才能成就事业；做官虽然能称得上是富贵显达，但是一旦疏于职守，就会荣耀尽失。

【评析】

耕读传家是中国文化传统，特别是实行科举制之后，这种生存方式更带有普遍性。但这种普遍的生活道路选择并不能保证成功，成功的根本是坚持、努力，不废本业，读书的专心读书，耕田的专力耕作，没有捷径可走。在专制社会，做官不仅带来地位的上升，成为"贵人"，还能带来声誉的荣耀，这也是中国的传统之一。但为官可称贵，并不见得荣耀，如果违背官箴所讲的职守，违背道德规范，旷务虚职，无所作为，或贪腐堕落，反而是羞辱。中国古代流行官箴，将为官之道写出来告诫官员，可惜的是没有强制性，遵守与否全靠个体的自觉。

第一七五则

儒者多文为富，其文非时文也①；君子疾名不称②，其名非科名也③。

【注释】

①时文：科举应试之文，明清时期称八股文为时文。

②疾名不称：担心自己的名声不能得到传扬。疾，担心，忧虑。称，称誉，褒扬。

③科名：科举考中而取得的功名。

【译文】

儒生常把文章著述众多看作财富，但是这里所说的文章并不是科举应制之文；君子常担心名声不能被世人颂扬，但是这里的名声并不是科举考试取得的功名。

【评析】

在中国古代，特别是科举时代，有两样东西最重要，一是时文，即八股文，是获取功名的工具；二是功名，有了功名便有了富贵。这两样东西不仅得到了社会的广泛认可，也是读书人终身追求的。但八股文只是获取功名的工具，功名只代表利益，并非真正的功业。所以作者在这里说儒者应多写作，但不是指时文，而是指更有价值、更有意义的文章；君子追求声名远扬，但不应该是科举功名，而是建立功业，做出真正事业的名声。这种社会现象并非只有古代社会才有，任何社会都存在，根本原因在于所谓儒者、读书人追求的是利益，而不是意义。

第一七六则

"博学笃志，切问近思"①，此八字，是收放心的功夫②；"神闲气静，智深勇沉"③，此八字，是干大事的本领。

【注释】

①博学笃（dǔ）志，切问近思：语出《论语·子张》：
"博学而笃志，切问而近思，仁在其中矣。"意思是
说广博地求取学问，坚定志向，极力向人请教，并
仔细思考。笃志，专心致志。笃，真诚，纯一。切
问，极力向人请教。

②收放心：收回放纵散漫的心，专心于学。

③神闲气静，智深勇沉：神情闲适，心气平静，智谋
深远，勇敢沉毅。

【译文】

"博学笃志，切问近思"这八个字，说的是收敛放纵散
漫之心的功夫；"神闲气静，智深勇沉"这八个字，讲的是
成就大事的本领。

【评析】

这一则讲的比较抽象，前一句由孔子的话引申出一个
重要的思想原则，朱熹《论语集注》是这样解释这句话的：
"四者比学问思辨之事耳，未及乎力行而为仁也。然从事于
此，则心不外驰，而所存自熟，故曰仁在其中矣。""心不
外驰"即是"收放心的功夫"。朱熹又引程子曰："学不博
则不能守约，志不笃则不能力行。切问近思在己者，则仁
在其中矣。"就是说不能博学则往往不能得精要所在，不能
笃志则易流于所求远大而终无所成，不能切问近思则流于
浮泛无归，大而不当，故就其近身近己处下工夫。这一切
根本上都要求不能自我放纵，放弃追求广博学问。而不能
坚定志向，不能深入思考，不能切己体悟，都不能达到最

高的精神境界，更遑论成就事业。下句是从如何成就大事业的角度，接着上句中孔子所说、但没有在句子中体现出来"仁在其中矣"来说的。达到了儒家所说的"仁"的思想境界之后，就要在现实中实践和推行，而要办成如此大事，只有思想还不行，还要有思想支持下的行为来保证能够切实实行仁爱思想。从个体的角度看，要有"神闲气静，智深勇沉"的精神境界，这倒不是讲权术、权谋，而是强调仁爱思想下的精神气质完全能够沉着应世，不起机心，是心自平静，不起波澜，自然随顺，却能思虑周密，勇敢沉毅。

第一七七则

何者为益友？凡事肯规我之过者是也①。何者为小人？凡事必徇己之私者是也②。

【注释】

①规我之过者：规诫我的过失的人。规，规诫，规劝。

②徇：屈从，偏袒。

【译文】

什么样的人是对自己有益的朋友呢？是那些遇到事情愿意劝诫我的人。什么样的人是小人呢？是那些遇到事情必定存心偏袒自己的人。

【评析】

孔子曾说："益者三友，损者三友：友直，友谅，友多闻，益矣；友便辟，友善柔，友便佞，损矣。"(《论语·季氏》)正直、诚实可信、见闻广博的人才会对己有益,而谄媚奉承之人、多变又表现为柔善且夸夸其谈的人则会使人受到损害。这一则便是从这里来的,强调在交友时要选择益友,不要选择损友。如何判断益友和损友呢?真正的朋友要能事事规劝我的过失,不计较是否中听,且出于正直之心,这样的人才能给朋友带来益处。小人其实也最容易判断出来,因为小人一切言行的出发点都是一己之私,所以才会表现得便辟、善柔、谄佞。这是古代圣人对人性的深刻体察,在后世传播最广。但在现实中却往往是小人得势,原因就在于小人善于表演,君子执守道德,而私心重的人往往会喜听小人之言。看到这一则的人可以认真反思一下,自己之所以上当,分不清益友、损友,是不是私心太重呢?

第一七八则

待人宜宽,惟待子孙不可宽;行礼宜厚,惟行嫁娶不必厚。

【译文】

待人应该宽容,唯独对待自己的子孙不能骄纵;礼尚往来应该丰厚,唯独办婚事时不能过于铺张。

【评析】

这一则讲得很朴实,是讲处世与治家的不同。中国人常讲待人应该宽厚,讲礼尚往来,以此建立一个良好的人际关系和社会交往空间,这没有问题,且已深入人心,已融为整个民族和社会的重要风气。但作者从治家的角度提出对自己的子孙要严格，不能过于宽容，否则易于养成子孙的娇惰之气，因为宽松的要求容易使人特别是子孙形成放纵之习。一旦陷于此，便难成气候，很难有什么出息。同样，礼尚往来固然重要，但在办自己家的婚事时又不能过于铺张，花费过多。一方面，既已结为姻亲，就是一家人了，就不必讲此虚礼；另一方面，过于丰厚铺张的婚事实际上与治家勤勉的家训相违背，为家庭树立了一个不好的榜样，在某种程度上也是一种自我放纵，因而是不能允许的。

第一七九则

事但观其已然①，便可知其未然②；人必尽其当然③，乃可听其自然④。

【注释】

①但：只，仅。已然：已经发生的情况。

②未然：尚未发生的情况。

③当然：应当这样，应做的事情。

④听其自然：任其自然发展。

【译文】

遇事只要观察已经表现出来的情形，就能预测还没发生的状况；一个人一定要先尽到自己的责任，才能听任事情自然发展。

【评析】

这一则从人生经验的角度讲人的认识能力和实行能力。

随着人生经验的积累，一般都可以做到由事情的已然即已发生的事件对未来的可能性即未然做出相应的判断，这种能力是一个人的基本应世能力。但更难的是一个人对自我要有尽其所能的奋斗和努力精神，最终获得一切任凭自然的超越和随心所欲的人生境界。在这里，"尽其当然"是基本的，也是最重要的，否则便不可能获得"听其自然"的境界。

第一八〇则

观规模之大小，可以知事业之高卑①；察德泽之浅深②，可以知门祚之久暂③。

【注释】

①高卑：崇高和浅陋。

②德泽：恩德，恩惠。

③门祚（zuò）：家世的福运。《新唐书》卷一六三《柳玭传》："丧乱以来，门祚衰落，基构之重，属于后生。"久暂：长久或者短暂。

【译文】

观察规模形制的大小，就能知道事业本身是崇高还是浅陋；观察对人恩惠的多少，就能知道家世的福运是长久繁华还是昙花一现。

【评析】

中国古代一直很注重观人术，这是由魏晋人物品评发展而来，并结合道家、阴阳术等内容形成的，其中有神秘的地方，也有合理的成分，本则就是从儒家思想出发的观人术。对一个人的能力、水平、境界加以判断，最切实的就是从一个人的行事来看，但并不是看他具体行事，而看他在具体行事上表现出来的格局、规模、气象，以此判断他是否具备干大事的可能。对一个家族的认知也是如此，只有德泽深厚的家族才能聚积并表现出旺盛的气象；而贪鄙、自私的家族一般不会有大气象，当然更不可能延长家族的福泽之气。这里既有对个体自我的观察和认识，也讲究家族的培育作用，个人的大气局和前途其实与家族文化的氛围有很大关系。

第一八一则

义之中有利，而尚义之君子，初非计及于利也；利之中有害，而趋利之小人，并不顾其为害也。

【译文】

道义之事中也存在利益，而崇尚道义的君子，最初并不会考虑是否有利可图；利益中又包藏着危害，而贪图利益的小人，却不会顾及其中的危害。

【评析】

义利关系是中国哲学的主要命题之一，重义轻利一直是古老、文明的中国所崇尚的基本准则，也是中国文化中最有争议的地方，尤其在当代社会重视利益的氛围下。但人们通常忽视了一点，即中国文化特别是儒家文化从来都没有否定"利"，而是强调利益的分配是否合理，是否公平，利益的取得是否合乎道义。这本身没有错，因为任何见利忘义之举在儒家看来都是非正义的，不合理的，因而反对非义之利。但现代经济学认为追求利益最大化是经济发展的内在动力。这也没有错，但是现代经济学只是在将整个社会的经济视作一个自主运作的主体时得出这样的结论，而且是在纯经济的层面上讲问题，并没有否认道德的价值。一个社会的运作是由多方面构成的，除了经济，还有道德、伦理来规范社会，使之在一个合理的和谐的条件下运作，单纯讲利益有可能损害社会和谐。所以这里讲义利之间具有相互包含的关系，讲道义并非否定利益，而追求道义的君子虽非求利，但利益就在其中。应该说这是比较合理的看法，但作者又突出求利的另一面，即利益本身包含着对社会和个人损害的可能，单纯追求利益则往往会带来坏处，而这正是求利的小人忽略的问题。任何事物都有两面性，义利之辨也是如此，更客观更全面地看待这个问题是当今社会面对种种严重社会问题时应该加以思考的，也是我们每个个人应该思考的问题。

第一八二则

小心谨慎者，必善其后①，畅则无咎也②；高自位置者，难保其终，亢则有悔也③。

【注释】

①必善其后：一定能善始善终。善后，本指事前考虑周密，后则可以无患。《孙子·作战》："夫钝兵挫

锐，屈力殚货，则诸侯乘其弊而起，虽有智者，不能善其后矣。"后来指事情发生后，妥善处理遗留问题为善后。

②畅则无咎：通达而没有过失。咎，过失，罪过，又指灾祸。

③亢则有悔：居高位的人要以骄傲自满为戒，否则就会有败亡的灾祸。亢，至高，这里指高傲。

【译文】

小心谨慎的人，一定会善始善终，因为通达所以不会有过失；身处高位的人，难以保证永不犯错，一旦高傲就会招来败亡的灾祸。

【评析】

这一则是讲个人处世问题的。正如我们分析过的，儒家思想强调应该时刻保持警惕。警惕自我放纵而缺乏道德理性，同时对社会的复杂性保持警惕，学会应对之术。所以，这里主张人生在世要小心谨慎，处世做事要有长远眼光，要做到善始善终，才能保持不犯错。而一个自视太高的人则往往难以保全自我，为什么呢？因为这样的人容易目中无人，不会自我约束、自我控制，而常常任情随性而为，不计后果。在中国文化中，前者保持着高度的道德理性精神，能够自我约束，而后者则从血性气质出发，不受任何限制，缺乏理性精神。比较之下，褒贬自明。我们也要注意到，严格的理性精神固然需要，但当道德虚伪化发生时或过度严格的道德主义盛行时，它又会成为对社会活力的限制。一个自视很高的人固然可能缺乏道德理性精神，但他却具有冲破体制和规范的价值，提供一种道德理性不具有的生命活力，对这类人的排斥往往是社会的不幸。

第一八三则

耕所以养生①，读所以明道②，此耕读之本原也③，而后世乃假以谋富贵矣④；衣取其蔽体，食取其充饥，此衣食之实用也，而时人乃藉以逞豪奢矣⑤。

【注释】

①养生：摄养身心，以期保健延年。《庄子·养生主》："吾闻庖丁之言，得养生焉。"

②明道：申明道理，明白事理。《汉书·贾山传》："忠臣之事君也，言切直则不用而身危，不切直则不可以明道。"

③本原：也做"本源"，根源，本意。《左传·昭公九年》："犹衣服之有冠冕，木水之有本原，民人之有谋主也。"

④假：因，凭，凭借。

⑤逞：显露，炫耀。

【译文】

耕种用来摄养身心，读书用来明白事理，这是耕种与读书的本意，而后世的人却借它们来谋取富贵；衣服用来遮蔽身体，食物用来充饥，这是衣食的实际用途，而现在的人却借它们来炫耀自己的富贵奢华。

【评析】

中国古代讲耕读传家，把耕作劳动与读书取功名结合起来，使人有所养，学有所依，更以读书取功名来保障家族的延续和发展。从社会学的角度看，这是古代社会阶层流动性的一个保证，社会由此获得了上下交流的可能，也是人们现实生活的一种规划和安排方式，毕竟人不可能脱离现实。但从思想的层面看，过分追求利益和功名，会损害人们对理道的追求，使整个社会失去思想信仰，因而是不利的。同样，衣食的本义是取其蔽体、充饥，但在强烈物质欲望的刺激下，本来的目的退居次要，而现代社会学讲的身份消费、时尚消费成为主流，形成了奢侈腐靡之风，进而破坏了社会的整体和谐。奢靡之风之所以会破坏社会风气，并不在于消费活动本身，而在于其所代表的一种欲望冲动，在这股力量之下，道德、伦理甚至规范都不复存在，社会将处于解体之中，尤其当奢靡处于腐败引领下时更是如此，其破坏力十分惊人。

第一八四则

人皆欲贵也，请问一官到手，怎样施行？人皆欲富也，且问万贯缠腰，如何布置？

【译文】

人人都想要地位显贵，请问一旦谋得官职，将如何施行政务？人人都希望富裕，请问一旦家财万贯，又要如何使用安排呢？

【评析】

富贵是大多数人的人生追求，中国古代社会也一直讲读书做官，最直接的目的当然也是富贵二字。但从思想层面上讲，富贵并非人生的最终目的，贵而为官，是要进行合理的社会治理，从更高更理想的层面上讲是要为民做事，所以做官的人都要想一想，为官的最终目的是什么。获得大量财富之后，除了个人享受，其他的钱财可用来干什么，也值得想一想。这一则说的都是大道理，但对追求富贵的人却不会有太大影响，这也暴露了中国文化最大的一个问题，即道德问题谈得相当透彻深刻，却缺乏将这种思想转化成社会治理功能的能力，一落到实处便时或无处措手，无能为力，只能听任专权专富者纵横天下，强取豪夺。这是十分可悲的。

第一八五则

文、行、忠、信①，孔子立教之目也，今惟教以文而已；志道、据德、依仁、游艺②，孔门为学之序也，今但学其艺而已。

【注释】

①文、行、忠、信：孔子的施教科目和内容。文，指诗书礼乐等典籍。

②志道、据德、依仁、游艺：孔门为学的次序。语出《论语·述而》："志于道，据于德，依于仁，游于艺。"志道，立志于道义。据德，拥有高尚的道

德。依仁，依仁义的品德立世。游艺，指儒家的礼、乐、射、御、书、数六种技艺，六艺是陶冶情操、安身立命的本领。

【译文】

文、行、忠、信是孔子教育学生的主要科目，但是如今只教授诗书礼乐等典籍；志道、据德、依仁、游艺是孔门治学的顺序，而如今人们只学习最后一项技艺罢了。

【评析】

著名的孔门四教：文、行、忠、信，是古代受教育者最熟悉的圣人语录，但思想的教育作用往往抵不上现实利益的诱惑，特别是在科举社会中，孔门四教只剩下"文"，而这个"文"已不是孔子说的经典典籍，而是八股文的"文"。科举教育原初的设计也是要为国家提供精英人才，受过经典教育，培育了仁爱精神，具有文、行、忠、信四种品质，进入仕途后，具有做事的能力和道德信仰，能够忠于职守，讲求信义。但最终科举却成为求取利益的工具，这当然是不符合孔子四教的。治学要讲顺序，所谓志道、据德、依仁、游艺，这是儒学的特色，即以做人为最高目标，通过志于道义、根据德行、依于仁爱，使自我身心得到修养，通过对崇高精神的归依，培育出高尚的品德，最后才是"游于艺"——即获得某种技能。这个顺序是不能乱的，否则便会失去立身立德之本。但在现实社会中，技艺的学习和掌握却成了第一位的，完全失去了道德依据，因而是不可取的。这两点是儒学思想的中心，与现代社会对技能的强调完全不同，值得我们深思。

第一八六则

隐微之衍^①，即干宪典^②，所以君子怀刑也^③；技艺之末，无益身心，所以君子务本也^④。

【注释】

①隐微：隐蔽而细小的。衍：过失。

②干：违反。宪典：法律，法典。

③君子怀刑：语出《论语·里仁》："子曰：'君子怀德，小人怀土；君子怀刑，小人怀惠。'"怀刑，指畏刑律而守法。

④君子务本：语出《论语·学而》："君子务本，本立而道生。"务本，致力于根本。

【译文】

一点隐蔽而细微的过失，可能就会违反法律，因此君子常常畏惧刑律而守法；技艺是学问的末流，对身心没有好处，因此君子致力于根本的学问。

【评析】

这一则强调君子怀刑，是说人应该遵守基本的礼法规范和法律规定，努力不要做违背礼法和法律禁止的事情。应该说这是儒学对人的最低要求。有两个要点，一是遵循基本的礼法规范，这些都已融汇到相关礼仪、习俗之中，经过长期的培养和训练，因而易于接受。这是起点，一个人如果连基本的礼法习尚都不能遵循，长此以往，就可能会做出违背法律的事。二是遵守法律，指现实法律所禁止的一切行为，经过遵守礼法规定的长期训练，遵守法律就顺理成章了。这一点与现代社会将礼法与法律分开有所不同，值得我们注意。这种区分从法制意义上说是对的，法律和道德毕竟是两回事，但道德应该是法律的基础，因而儒家的这种思想仍有现代价值。下句谈的与上文相同，即儒家强调德行第一，技能第二，要务本，不要逐末，但过分强调德行，忽视技能，甚至认为"无益身心"，就走极端了。

第一八七则

士既知学，还恐学而无恒①；人不患贫②，只要贫而有志。

【注释】

①无恒：没有恒心。

②患：担心，忧虑。

【译文】

读书人已经有了向学之心，还要继续担心自己没有坚持学习的恒心；人不害怕贫困，只要在贫困的同时有志气就好。

【评析】

这一则讲得很朴实。人都有一个立志的时候，所以孔子说十五而有志于学，到了这个年龄，人的理性意识逐渐突出，故讲"志于学"。但立志只是一个精神的趋向，持志即坚持志向才更重要。持志需要坚定的意志，需要克服自身的缺点，诸如懒惰、松懈；需要面对各种现实诱惑，诸如玩乐、情欲；需要有坚定的意志和努力的精神，即恒心。

穷困是人生的敌人，但不是最大的敌人，因为穷困是可以在意志的作用下化解，只有立志，通过努力改变个人命运才是可取的。古人说君子固穷，是说君子有更高的精神追求，但没有要求所有的人都固穷，也就是说承认普通人改变穷困命运的努力，这是理性的认识。但普通人要改变命运需要教育，需要立志，前者是外在的必要条件，后者是内在的必要条件，二者互为作用，才能真正改变命运。

第一八八则

用功于内者，必于外无所求；饰美于外者，必其中无所有。

【译文】

注重培养内在修养的人，必然会对身外之物没有很多苛求；极力追求外在华美的人，必然没有多少内在涵养。

【评析】

这一则讲人生价值实现的内外两种因素。作者认为一个人的内在素质最为重要，如果达到精神自足的状态，则外无所求，即不受外物的干扰。而一个完全依附于外在事物的人，把外在事物当成根本和中心，完全忽视自我的内在因素，胸中空无所有，则完全是一个空壳，就失去了生命的意义。这是典型的儒学认识。面对现实，一个人如何安置自我，古人认为精神的作用更为重要，但并没有完全否定外在事物的价值和意义，而是否定完全依附于外物。精神自足会给人提供强大的动力，回复到人不同于动物的独立精神世界之中。人活着不能不获得物质支撑，但人的精神自主性决定了人不会完全依附于外物，要以精神的力量控制外物，而不是为外物所控制。

第一八九则

盛衰之机^①，虽关气运^②，而有心者必贵诸人谋^③；性命之理^④，固极精微^⑤，而讲学者必求其实用。

【注释】

①机：关键，枢要。

②气运：命运，运气。

③贵诸人谋：看重人的谋划。贵，重视，看重。

④性命之理：中国古代哲学的范畴，讲究天命天理的学问，即形而上学的道理。

⑤精微：精细而隐微。

【译文】

兴盛与衰亡的关键，虽然与命运有关，但是有心的人一定更看重人事的谋划；形而上学的道理，固然非常精细微妙，但是讲求这种学问的人必然要让它能够实用。

【评析】

这一则的上句是讲气运与人谋的关系。古人早就说过成事在天，谋事在人，这一句就是对这个道理的阐释。在现实社会中，不论是个人还是社会都有很多不可知的东西，人不能完全操控的东西，古人把它归之于天命、气运，今天当然也不能解决这个问题。但人还有能动性，掌控命运，通过付出努力和认真、科学的规划是可以改变命运的，即这里讲的"人谋"。下句讲空谈与实用的关系。儒学在宋以后又被称为性理之学，这个时期的儒学已经获得了形而上的哲学论证，形成严密思想系统，已经非常"精微"了。但中国哲学家和思想家面临着不同的任务，既要做严密的思想系统建设，这属于学术思想的自由创造境界，可以空论，不与现实发生直接关联；又要关注现实，甚至强调积极干预现实，将思想运用到现实社会之中，去改造社会，因而只是空讲性理就行不通了，所以这里作者说要"求其实用"。这是中国思想的一个传统，因而学术不能获得纯粹的自由。

第一九〇则

鲁如曾子，于道独得其传①，可知资性不足限人也②；贫如颜子，其乐不因以改③，可知境遇不足困人也。

【注释】

①鲁如曾子，于道独得其传：《论语·子路》："柴也愚，参也鲁。"鲁，愚拙，迟钝。曾子（前505—前435），春秋时鲁国人，名参，字子舆。孔子的弟子。他勤奋好学，颇得孔子真传。积极推行儒家主张，传播儒家思想，并在修身和躬行孝道上颇有建树，是孔子学说的主要继承人和传播者，在儒家文化中居承上启下的重要地位，被后世尊为"宗圣"。其事迹散见于《论语》以及《史记·仲尼弟子列传》。

②资性：天资，天性。

③贫如颜子，其乐不因以改：《论语·雍也》："子曰：
'贤哉回也！一箪食，一瓢饮，在陋巷，人不堪其
忧，回也不改其乐。贤哉回也。'"颜子，即孔子的
学生颜回。

【译文】

像曾子一样天资愚拙的人，尚且能够在学问上得到孔子的真传，可见天资并不足以限制人的发展；像颜回一样贫困的人，尚且没有因此而改变自己的快乐，可见境遇并不足以困住人的快乐。

【评析】

这一则讲天资与境遇。按照理学家的解释，气分为二，有天理之气，有气质之气。气质之气是说个体由于性情、气质、知识、修养的差异造就的个性差异，如有的人资性聪慧，有的资性愚鲁。但气质之气并非决定一切，人可以通过归向天理改变资性之异，曾参就是一个典型的例子。他在孔门弟子中并不是一个天分高的人，但通过学习，致力于体悟仁道并推行之，成为儒学的重要人物。同样，境遇也不能决定一个人的命运，颜子是孔门中最穷的一个，但他从不以贫困自限，孔子《论语·雍也》："子曰：'贤哉回也！一箪食，一瓢饮，在陋巷，人不堪其忧，回也不改其乐。贤哉回也。'"为什么"人不堪其忧"，他却能够"不改其乐"呢？因他体悟到了道的最高境界，外物自然不足以使他困顿，并不是说他以贫困本身为乐。由此可知，贫困之类的外在境遇不足以困扰一个对道有真正体悟的人。

第一九一则

敦厚之人，始可托大事，故安刘氏者，必绛侯也^①；谨慎之人，方能成大功，故兴汉室者，必武侯也^③。

【注释】

① "敦厚之人"四句：《史记·高祖本纪》："周勃重厚少文，然安刘氏者必勃也。"刘氏，指以汉高祖刘邦为主的汉室皇族。绛侯，指西汉开国功臣周勃。周勃（？—前169），西汉沛县（今属江苏）人。少以编织蚕箔为生。后随刘邦起义，以军功为将军，封绛侯。吕后时，吕后掌权，吕后之侄吕产、吕禄分掌南北军。吕后死后，周勃与陈平等共谋诛诸吕，迎文帝即位。事迹见《史记》、《汉书》。

② "谨慎之人"四句：诸葛亮《出师表》中曰："先帝知臣谨慎，故临崩寄臣以大事也。"武侯，即三国蜀汉政治家、军事家诸葛亮。诸葛亮（181—234），字孔明，阳都人。隐居隆中，自比管仲、乐毅，人称卧龙。后在刘备三顾茅庐的诚恳聘请下，出山辅佐刘备，联吴抗曹，帮助刘备建立蜀汉政权，遂与吴、魏成三国鼎足之势。刘备称帝后，封为丞相。刘备死后，诸葛亮辅佐后主刘禅以丞相封武乡侯，兼领益州牧。整官制、修法度，志复中原，与魏相攻战。后死于五丈原军中，年五十四岁，谥为忠武侯。《三国志》有传。

【译文】

诚实敦厚的人，才能托付重大的事，因此能够让汉室安定的人，必定是周勃；谨慎小心的人，才能成就大功业，因此能够兴复汉室的人，必定是诸葛亮。

【评析】

中国文化中最重视敦厚和谨慎的品性，因为通过现实和历史人们认识到这两种品质可以成就大业。敦厚的人本性诚实，行事稳重，平日不太显露，似乎也不如聪明人灵活，但聪明人多变，多变者往往不诚，性分浅薄，行事躁乱，不能成大事。而过分理想化的人往往过于执着，不能变通，因小失大，也不能成就大业。谨慎也是从政的一种品质，当然并不是说要事事衡量得失，而是以一种忠诚厚重的精神投入现实，事事不放松，不放过一切不合理之事，认真做事，踏实肯干。官场文化中，谨慎也是必需的，但有时变了质，一切唯上而不唯事，一切唯利不唯事，于是谨慎变成了拍马，变成不做实事，这是十分可怕的。

第一九二则

以汉高祖之英明，知吕后必杀戚姬，而不能救止①，盖其祸已成也；以陶朱公之智计，知长男必杀仲子，而不能保全②，殆其罪难宥乎③？

【注释】

①以汉高祖之英明，知吕后必杀戚姬，而不能救止：刘邦始立吕后之子为太子，后因宠爱戚姬，喜爱其

子如意，欲改立如意为太子。吕后深忌之。张良献计让吕后请出商山四皓陪侍太子，刘邦素重此四人而不能致，见其侍太子，遂知太子羽翼已成，放弃改换太子的念头，对戚夫人说："吕后真而主矣。"刘邦死后，戚姬母子遂被吕后所害。汉高祖，刘邦，西汉开国皇帝。吕后（前241—前180），名雉，秦末单父人。汉高祖刘邦的皇后，惠帝刘盈的母亲。曾助刘邦诛杀韩信、彭越等异姓王。刘邦死后，惠帝即位，她实际掌权，杀害戚姬及其子赵王如意。惠帝死后，她临朝称制，主政八年，迫害刘姓诸侯王，排斥刘邦旧臣，立诸吕为王，以其侄吕产、吕禄分掌南北军。吕后死后，周勃与陈平等尽灭诸吕，拥立文帝，恢复了刘氏政权。戚姬，刘邦宠姬戚夫人。刘邦死后，吕后毒死赵王如意，截断戚夫人的手足，挖眼熏耳，饮以哑药，置于厕中，名曰人彘。救止，解救阻止。

② 以陶朱公之智计，知长男必杀仲子，而不能保全：范蠡辅佐越王勾践灭吴，以越王为人不可共安乐而弃官离去，至定陶，自称朱公，以经商致富。其次子在楚杀人将被处死，乃欲令少子往救之。其长子坚决要求前去，范蠡不得已，乃付之千金并一封信，嘱其至楚找庄生设法。庄生果设法让楚王大赦。范蠡长子不知为庄生所为，惜其千金，向庄生讨回。庄生怒，遂使楚王杀范蠡次子之后才大赦。长子持其弟之丧归，范蠡曰："吾固知必杀其弟

也……前日吾所为欲遣少子，固为其能弃财故也，而长者不能，故卒以杀其弟。"陶朱公，即春秋时范蠡，字少伯，楚国宛人，越国大夫，辅佐越王勾践灭吴后弃官经商，居于陶，自谓陶朱公，曾十九年中三致千金。其子孙经营繁息，遂至巨万。后因而以"陶朱公"称富者。见《史记》。仲子，次子。古代兄弟排行常以伯仲叔季为序。

③殆：可能，大概。宥（yòu）：宽恕，饶恕。

【译文】

以汉高祖的英明，知道自己死后吕后必然会杀害戚夫人，却也无法解救阻止，那是因为祸患已经酿成了；以陶朱公的才智，知道长子必定要害死次子，却也无法保全次子性命，大概是次子的罪行本来就难以宽恕吧？

【评析】

中国对历史经验的重视程度非常高，本书有很多格言就往往借用历史故事加以阐释。尽管借鉴史学有其局限性，但在提炼基本人生规范中还是有用的。这一则讲的是如何把握大势的问题，举了一正一反两个例子。事物的发展有其过程，大致可分为萌芽、成长、成熟三个阶段，政治也是如此。从可控性角度看，第一个阶段最易控制，但不易察觉；第二阶段易于察觉，但走向不明，也往往被忽略；第三个阶段势力已成，扫除不易。所以汉高祖对吕后及其党羽虽已觉其奸，但已到了第三个阶段，无法控制。所以要有深刻的洞察能力，在前两个阶段剪除奸恶势力，事情就容易了，到了后面就无处措手了。陶朱公的例子也能说明这个问题，人都爱其子，以陶朱公之富救其子应该不成问题，为什么没有救成，因为他派爱惜钱财的长子去楚国，明知他舍不得财，肯定救不成次子。以他这样一个明智的人，为什么会这样做呢？因为他认识到次子之罪已无可解救，这是他深刻认识到事情本质的地方，既已如此，还是顺应时势更为明智。

第一九三则

处世以忠厚人为法，传家得勤俭意便佳。

【译文】

立身处世应该效仿忠诚敦厚的人，传承家业本着勤俭节约的想法就好。

【评析】

这一则的内容前面说过多次，因为处世和传家是中国人关注的重点，值得一说再说。忠诚敦厚者真诚、正直，表现为忠恳、厚道，无一毫伪饰，无一丝机心，因而被视为最好的待人处世之道。传承家业不仅靠家业丰大，家资丰厚，最朴实也最有效的是传承勤俭和节约的生活方式，才能真正保证家业的久远。

第一九四则

紫阳补《大学·格致》之章①，恐人误入虚无，而必使之即物穷理②，所以维正教也③；阳明取孟子良知之说④，恐人徒事记诵⑤，而必使之反己省心⑥，所以救末流也⑦。

【注释】

①紫阳：即南宋理学大家朱熹，晚年主讲紫阳书院，人称紫阳先生。《大学·格致》之章：《大学》中有"致知在格物"语，朱熹注释"格物"即穷尽事物之理，无不知晓之意。

②即物穷理：程朱理学的主要范畴之一。认为理在物先，物是理的表现形式，要根据具体事物穷究出真正的道理。

③维正教：维护正统教名。

④阳明：即王守仁（1472—1528），字伯安，浙江余姚人。明代哲学家、政治家、军事家、教育家。弘治十二年（1499）进士。正德初年因忤宦官刘瑾，被贬官。刘瑾被诛后，任广陵知县，累擢右佥都御史，巡抚南赣，总督两广。曾镇压农民起义，又平定宁王朱宸濠之乱，官至南京兵部尚书，封新建伯，卒谥文成。王守仁主张以"心"为本体，提倡"良知良能"，"格物致知，自求于心"，反对朱熹的"外心以求理"，提出"求理于吾心"的知行合一说，世称姚江学派，以其曾筑室于故乡阳明洞，学者称之为阳明先生，也称其学派为阳明学派。后人辑其文刻成《王文成全书》三十八卷，《明史》有传。

⑤徒：只，仅。

⑥反己省心：反省自己的本心。

⑦末流：本指河水的下游，后指衰乱时代的不良风气，又指遗业、余绪。

【译文】

朱熹注释《大学·格致》一章时，担心人们因误解而走入虚无，所以让人必须多去穷究事物的道理，以此来维护孔门的正教；王阳明吸取了孟子的良知之说，担心人们仅仅背诵不求理解，所以一定要让人反省自己的内心，以此来挽救衰乱社会中的不良风气。

【评析】

这一则与其他内容不同，略显深奥。理学是南宋以来形成的一个儒学学派，以朱熹为代表，心学则是明代正德、嘉靖间由王阳明开创的一个新学派，广义也属于理学。理学和心学的差异可用"道问学"、"尊德性"来区分，出自《中庸》："故君子尊德性而道问学，致广大而尽精微，极高明而道中庸。""尊德性"注重人的道德内省和自觉，而"道问学"则强调格物，采取"博学之，审问之，慎思之，明辨之，笃行之"的路径，要即事穷理，这样可以防止流于一味听从心性，放纵心性，因而是正途，起到维持正统的作用。而王阳明学说则有感于道问学者"外心以求之"的弊端，反对学问仅止于记诵知识，提出"求理于吾心"的思想方式。这两种思想方式本质上并无多大差异，而前者被视为正道，但易陷溺于支离，外心以求，不能端正心本；加以意识形态化之后的官方化理学流于虚伪化，故心学起而纠正之。但心学之蔽则在于放纵本心，不知收拾，大众化之后直接对社会文化的纵情纵欲一面有纵容之效。作者对理学和心学的差异总体把握十分准确，态度则明显倾向理学，只承认心学有救蔽之功，是典型的清人观点。

第一九五则

人称我善良则喜，称我凶恶则怒，此可见凶恶非美名也，即当立志为善良；我见人醇谨则爱^①，见人浮躁则恶，此可见浮躁非佳士也，何不反身为醇谨。

【注释】

①醇谨：醇厚，谨慎。醇，朴实，厚重。

【译文】

别人夸赞我善良我就感到欣喜，说我凶恶我则感到愤怒，由此可见凶恶不是美好的名声，应该立志做善良的人；我见到别人醇厚谨慎就会喜欢他，见到别人心浮气躁就会讨厌他，由此可见心浮气躁不是好人该有的毛病，为什么不转而做醇厚谨慎的人呢。

【评析】

这一则劝诫人们要遵从基本的社会道德价值。善恶之别是人类基本道德信条，很少有人公开赞美恶，大多数人都相信善。既然如此，人应该遵从大多数人的意见，立志为善。就基本社会判断而言，整体上总是喜欢欣赏醇厚谨慎的人，不喜欢心气浮躁的人，所以人应当顺从社会判断，争取做一个醇厚的人。这话说得虽然没错，任何朝代善良和醇厚都受到推重，但这只是正统文化的一面；不同时代，文化价值观是不一样的，有的时代，表面上虽仍尊崇正统，私底下却发生变化，更推崇和追求另一面，如聪明伶俐，八面玲珑，为取得利益不择手段。很少见到人公开反对善，赞美恶，但官场和社会不是大量存在为钱权而不择手段的生存竞争吗？所以，一种文化不要看它公开说什么，而要看社会现实生活中的选择。就这一则的内容看，作者表述的生活态度和其背后的精神没有任何问题，但现实却是另一回事。什么时候社会文化能够崇尚言行一致，或起码公开和私底一致，社会就开始走上正路了。

第一九六则

处事要宽平①，而不可有松散之弊；持身贵严厉，而不可有激切之形②。

【注释】

①宽平：宽松而平稳。

②激切：激动，激烈。

【译文】

为人处世要宽松而平稳，但是不要有松散的毛病；修养自身贵在严于律己，但是不可以有激烈过分的行为。

【评析】

这一则讲如何把握处事与修身的尺度。处事要宽是讲胸怀广，不计较；要平是讲要公平，心境要平和，这与前面讲的是一致的。但此处提出要避免松散之蔽，即不要太过宽平，什么都不放在心上，以致连基本的原则都不讲。修身要严格甚至严厉，以抑制人性中的放纵，但也不可太激切，太过度，人有时需要放松，需要身心调节，适度的放松有助于身心的平衡。

第一九七则

天有风雨，人以宫室蔽之；地有山川，人以舟车通之。是人能补天地之阙也①，而可无为乎？人有性理，天以五常赋之②；人有形质③，地以六谷养之④。是天地且厚人之生也，而可自薄乎？

【注释】

①阙：过失，缺陷。

②五常：指古代儒家要求的五种道德修养，即仁、义、礼、智、信。五常又指五伦，即君臣、父子、兄弟、夫妇、朋友之间的五种关系。

③形质：形体。

④六谷：指稻、黍、稷、粱、麦、菰（gū）的合称。一说指稻、粱、菽、麦、黍、稷的合称。

【译文】

天会刮风下雨，人可以建造宫室来遮蔽；大地有山川，人可以利用船和车来畅通无阻。既然人力可以补救天地造物的缺憾，我们又怎能碌碌无为虚度一生呢？人有内在的天性，天就赋予人类仁、义、礼、智、信五种道德修养来承续；人有外在的形体，地就用稻、粱、菽、麦、黍、稷六种谷物来滋养。天地尚且厚待人的生命，人又怎么能自我轻视呢？

【评析】

前面讲了太多的知足常乐，安守本分的道理，容易引起退缩保守的人生格局，似乎什么都不做才是顺其自然，所以这一则对此加以修正。正如人可以修建房屋以遮蔽风雨，利用车船以渡越山川，这对人类来说是再自然不过的事了，是人类凭借自己的聪明才智以补其不足，使人能获得更安全、更舒适的生活。人生来就是心灵与身体的复合体，为丰富和引导人的心灵，于是有仁、义、礼、智、信五常以辅助之、规范之，人自然形体也需要五谷的养育，这也是非常自然的。由此，作者做出这样的推断：人应该有所作为，甚至提出要厚待生命，不能自奉太薄，实际上是强调人争取舒适、富足生活的合理性。知足常乐与积极进取是两种不同的精神状态，都不可或缺，单纯强调甚至过度强调某一点，而不考虑到具体状况是不可取的，应该使二者起到平衡互补的作用。

第一九八则

人之生也直，人苟欲生^①，必全其直；贫者士之常，士不安贫，乃反其常。进食需箸^②，而箸亦只悉随其操纵所使，于此可悟用人之方；作书需笔，而笔不能必其字画之工，于此可悟求己之理。

【注释】

①苟：如果，假如。

②箸（zhù）：吃饭的用具，即筷子。

【译文】

　　人有正直的天性，如果要生存，就必须保全这种正直；贫困是贤士的常态，如果贤士不能安于贫困，就是违背了常理。吃饭需要用筷子，而筷子也只能随着人的操纵而动，由此我们可以体悟出用人的方法；写字需要用笔，但是笔本身并不能使字画工巧，由此可以体悟出凡事要反求诸己的道理。

【评析】

　　这一则以日常生活现象作比，引申出人生道理。人天生就具有正直的本性，由顺应自然的生命态度出发，人就应该保持这种天性。唯有保全正直天性的人才是值得信赖的，如同人人都会使用筷子，只有筷子直而不曲才能操纵如意，使用自如，故用人要用正直的人。这是一个非常普通的道理，但事实却是另一回事，大多数人还是喜欢曲意奉承之人，因为这更能令自己心满意足。根本还在对人性的认识，或者自己的人性本就不正。安贫是贫寒士人的生存之道，只有这样才能不破坏心灵的平衡和宁静，否则易于陷入焦躁、烦恼之中不能自拔。作者以写字进行比喻，字画工巧不是靠毛笔本身，而是写字的人如何操控它。由此引申出安贫其实就是以平静自然的心态进行操控、调节的问题，这就是儒学讲的"反求诸己"，一切以自己的内在心性作为主体。作者隐含的意思是说安贫本身并不是目的，而是手段，正如常用"安贫乐道"来描述一个人一样，安贫的更高境界是乐道，单纯安贫是精神平衡的手段，并不值得提倡。

第一九九则

家之富厚者，积田产以遗子孙，子孙未必能保；不如广积阴功^①，使天眷其德，或可少延。家之贫穷者，谋奔走以给衣食，衣食未必能充；何若自谋本业，知民生在勤，定当有济。

【注释】

①阴功：犹言阴德。指暗中有德于人的功业。

【译文】

富贵的家庭，给子孙积累下田地、产业，子孙却未必能够将其保全；倒不如广积阴德，使上天眷顾这份阴德，也许还能延续富贵的家业。贫穷的家庭，即便四处奔走以求衣食，衣食也未必够用；倒不如踏实做好本职工作，要知道民生的要义在于勤奋，只要坚持下去就一定能改善自己的处境。

【评析】

这一则讲如何处富以保长久，如何处贫以保生存的问题。对富人来说，累积田产留给子孙，子孙未必能够保全，充满不可预知的种种可能。前面讲过，要延续财富，就要教育好子孙，使他们懂得财富来之不易，财富是靠勤苦辛劳挣来的；或者强调读书来开拓胸怀，获取功名以保延续；

或者不交非人，多交正直敦厚的人，等等。应该说已经比较周全了，但总觉得不保险，于是只能求助不可知的力量，即这里所谓积阴功，以求上天眷顾。如何处贫呢？如何让贫寒子弟也能衣食丰足呢？贫寒之士最忌随人后奔走以谋，丧失人格，还处于无法保证的境地，最好的办法是自谋本业，该种田的种田，该读书的读书，以勤苦努力补先天之不足，则一定会有所成就，能够获得衣食。

第二〇〇则

言不可尽信，必揆诸理①；事未可遽行②，必问诸心。

【注释】

①揆（kuí）：揣度，判断。

②遽（jù）行：仓猝地去做。遽，仓猝。

【译文】

对别人说的话不能全部相信，一定要用理性来揣度衡量；遇事不要急着去做，一定要先问问自己的良心。

【评析】

中国的处世哲学是一个非常繁复，充满种种规定和注意事项的集合，有时不免令人有恐惧之感。古人讲求言行一致，对人要知其言，观其行，但先有言，后有行，等行为出来了，再加以判断，有时不免太晚了。所以这里说要"揆诸理"，根据是否合乎天理进行判断，庶几可得先机。行事也是如此，要事先做出对结果的判断是十分困难的，最好的办法是追问所行之事是否合于本心，即人最初之一念，最真实、最自然、没有受后天遮蔽的心灵。凡违背本心的就不去做，凡合乎本心的就放手去做。

第二〇一则

兄弟相师友，天伦之乐莫大焉①；闺门若朝廷②，家法之严可知也。

【注释】

①天伦之乐：泛指家庭的乐趣。天伦，旧指父子、兄弟等亲属关系。李白《春夜宴桃李园序》："会桃李之芳园，序天伦之乐事。"

②闺门：本指城墙之小者，后指内室之门，也指家门。

【译文】

兄弟之间互为师友，这就是最大的伦常乐趣；家规像朝廷上一般严谨，由此能看出家法的严苛。

【评析】

中国古人对待兄弟和妻子的态度与现代人有很大不同，兄弟、夫妇皆是五伦之一，本来是平等的，但中国人更注重兄弟之情，而把夫妻之情放在兄弟之下。所以俗话有"兄弟如手足，妻子如衣服"的说法。兄弟之间可以畅快交流，无所不谈，甚至互为师友，因为兄弟之情是血缘关系。而夫妻关系并非血缘关系，所以要严格执行家法，男性是一家之主，女性要服从男性。正因为重视血缘关系，才会说出这令大多数人不可接受的话。

第二○二则

友以成德也①，人而无友，则孤陋寡闻，德不能成矣；学以愈愚也②，人而不学，则昏昧无知③，愚不能愈矣。

【注释】

①成德：成就德业。

②愈愚：医治愚昧无知。愈，治愈，医治。

③昏昧无知：愚昧，没有知识，不明事理。

【译文】

朋友可以帮助德业进步，人如果没有朋友，就会孤陋寡闻，德业难以成就；学习为了免除愚昧无知的毛病，人如果不学，就会愚昧无知，以至于无药可救。

【评析】

朋友的真义在于以德义相激励，如果没朋友便失去了进德之阶。这和当今讲人际关系，讲多交朋友的含义不同，今天多是指朋友之间相互利用，各有所得。古人讲学习的作用，一是进德，二是修身，三是进取，还有一条讲的不多，就是这里说的治疗愚蠢之病。人生大敌很多，如前面讲过的俗气、无德，但最要命是愚昧，是昏昧无知，只有通过学习知识，开启心智，才能从根本上治疗愚病。

第二○三则

明犯国法，罪累岂能幸逃？白得人财，赔偿还要加倍。

【译文】

明明知道却还要故意触犯国法，罪行怎么能够轻易逃脱？平白无故得到别人的钱财，恐怕到时候还要加倍偿还。

【评析】

上句充满了正义感，明明知道却还要做出犯法的事，真真是不可原谅，如果还要逃避法律的制裁，更是天理所不容。下句是从人生常理上讲，说得就平和一些了，但道理是一样的，不可能平白无故得人钱财，否则真有可能落得个加倍赔偿的结果。不是自己的终归不可能属于自己，白占便宜是要付出代价的。道理很简单，但从古讲到今，总有人不明白这个理，看来格言警句也只是善意的劝说。

第二〇四则

浪子回头，仍不惭为君子；贵人失足①，便贻笑于庸人。

【注释】

①失足：举止不庄重，丧失节操。《礼记·表记》："君子不失足于人。"比喻失败、堕落或丧失节操，如言"一失足成千古恨"。

【译文】

浪荡子弟如果能回头改正，仍然可以做个无愧于心的君子；高贵的人一旦丧失节操，便连庸碌愚昧的人都会嘲笑他。

这一则说得有点意思，需要解释一下。浪子回头，改正错误，仍不失为君子，是从为善的角度说的，意在鼓励人们向善。"贵人失足，便贻笑于庸人"是从"贵人"的社会地位和身份上说的。所谓"贵人"理应是社会典范，他们的一举一动都有示范作用，吸引了太多人的关注。因而，"贵人"失足便会招来人们的嘲笑，其实也是很正常的。这是我们从今天的流行文化、名人文化盛行中看出来的，而作者却不这么看，他的本意是在提醒贵人不要做出让众人嘲笑的事，骨子里仍是精英意识在起作用。

第二〇五则

饮食男女，人之大欲存焉[①]，然人欲既胜，天理或亡[②]。故有道之士，必使饮食有节，男女有别。

【注释】

①饮食男女，人之大欲存焉：语出《礼记·礼运》："饮食男女，人之大欲存焉；死亡贫苦，人之大恶存焉。"饮食男女，指人类对吃喝和情爱的需求。大欲，主要的欲望。

②天理：天道，天性，后来也指良心。

【译文】

人对饮食与情爱的需要，是人主要而且正当的欲望，然而人欲如果凌驾于一切之上，天道恐怕就要衰亡。所以有道德修养的人，一定会让饮食有所节制，男女有所分别。

【评析】

人们最熟悉的理学格言应该就是这句"存天理，灭人欲"了，其实它也是有经典出处的。《礼记·乐记》中说："人化物也者，灭天理而穷人欲者也。于是有悖逆诈伪之心，有淫泆作乱之事。"朱熹将这种话上升到哲学层面，"圣人千言万语只是教人存天理，灭人欲"，"学者须是革尽人欲，复尽天理，方始是学"（《朱子语类》）于是，人们纷纷表示愤怒，实际上是误解了朱熹的意思。他并不是要彻底消除人性的基本欲望，因为儒家思想从来都没讲过禁欲，他只是说人应该控制情欲无休止发展，以天理来使生命更有价值。因为他也说过："饮食，天理也；山珍海味，人欲也。夫妻，天理也；三妻四妾，人欲也。"指的是过度的欲望。在这个意义上，讲"存天理，灭人欲"是没有问题的。因为在理学家看来，没有天理的社会是无道的社会，不讲天理的人，是私欲过度的人，一定要加以节制。所以作者这里说要"饮食有节，男女有别"。这里讲的"男女有别"，不是分别对待的意思，而是讲男女界限，不能突破这个界限。

第二〇六则

东坡《志林》有云①："人生耐贫贱易，耐富贵难；安勤苦易，安闲散难；忍疼易，忍痒难；能耐富贵、安闲散、忍痒者，必有道之士也。"余谓如此精爽之论②，足以发人深省，正可于朋友聚会时，述之以助清谈③。

【注释】

①东坡：即苏轼。苏轼（1037—1101），字子瞻。眉州人。北宋神宗时因反对王安石变法自出为杭州通判，后因诗语有诽谤朝廷之嫌，被贬黄州，筑室于东坡，自号东坡居士。哲宗时召还，为翰林学士，曾知登州、杭州、颖州，官至礼部尚书。哲宗绍圣年间又被贬谪惠州、琼州，后赦还，第二年死于常州。谥号文忠。苏轼的文章纵横奔放，诗歌飘逸不群，词开豪放一派，书画亦有名。著有《易传》、《书传》、《论语说》、《仇池笔记》、《东坡志林》等。后人辑其诗文奏议等为《东坡七集》一百一十卷。《宋史》有传。《志林》：即《东坡志林》，苏轼自元丰至元符年间历时二十余年撰写的一部手稿，共二百零三篇，内容丰富。其文则长短不拘，或千言或数语，而以短小为多。皆信笔写来，挥洒自如。从中可以窥见东坡的学养、思想、世界观等诸多方面。

②精爽：精当而爽直。

③清谈：清雅的言谈、议论，又指公正的舆论。

【译文】

苏轼的《东坡志林》写道："人生要耐得住贫贱容易，耐得住富贵却很难；安于勤劳辛苦容易，安于闲适散淡却很难；忍受疼痛容易，忍受瘙痒却很难；如果连富贵、安闲和瘙痒都能忍耐住的人，一定是相当有修养的人。"我认为这么精当爽直的议论，足够发人深思，恰好能够在朋友聚会时，说出来给大家的讨论助兴。

【评析】

人生有难有易，但都是相对的，不同的表述有不同的意味。这段文字引述了苏轼的一大段话，表明人生种种难易，实为通达之论。苏东坡说人耐贫贱易，耐富贵难，因为富贵生活易于使人沉溺放纵，生活于富贵之中，而有更高远的追求是十分不易的。他还说安于勤苦的生活比较容易，安于闲散的生活难，这不是站着说话不腰疼，因为苏东坡也是经历过几番起落磨难的人，深知勤苦生活是又忙又累的，习惯了这种生活，突然闲散无事，人一定会心无定主，寝食难安。苏东坡是一个风趣的人，他说瘙痒难当，痛苦可忍，把一个意思说得如此风趣，历史上还不多。有意思的是他的结论，如果富贵、安闲和瘙痒都能忍耐的人，一定是有道之士。这话说得风趣爽快，但也只是一般的人生常理，而且并不一定能够成立，因为我们可找到例子推翻他。所以作者说此话只可于酒后茶余清谈之用。本书一直用严肃的面孔谈论处世之道，太过严肃，有时不免令人生厌，这里忽然来一段轻松风趣的，也算是一种调节吧。

第二〇七则

余最爱《草庐日录》有句云①："淡如秋水贫中味，和若春风静后功②。"读之觉矜平躁释③，意味深长。

【注释】

①《草庐日录》：吴与弼著。吴与弼，字子傅，号康

斋。明代思想家。

②淡如秋水贫中味，和若春风静后功：清贫中的滋味像秋日流水般淡泊明净，安静下来的心情像春日微风般和煦舒畅。

③矜平躁释：自负孤傲之心得以平息，浮躁之气得以消解。矜，自负贤能。

【译文】

我最喜欢《草庐日录》中的一句话："淡如秋水贫中味，和若春风静后功。"读后觉得孤傲之心和浮躁之气都渐渐消释，句中的意味实在是深远悠长。

【评析】

人们一般理解的理学家是讲"存天理，灭人欲"的，实不知理学思想的最高境界也是审美的。如著名的"庭前春草"的故事：《宋元学案·濂溪学案下》（子刘子）又曰："周茂叔窗前草不除去，问之，云：'与自家意思一般。'子厚观驴鸣，亦谓如此。"又《宋元学案·明道学案下》："张横浦曰：明道书窗前有茂草覆砌，或劝之芟，曰：'不可！欲常见造物生意。'又置盆池畜小鱼数尾，时时观之，或问其故，曰：'欲观万物自得意。'"周茂叔指周敦颐，明道指程颢。所以黄庭坚才说："濂溪先生胸怀洒落，如光风霁月。"意指他能够达到胸怀洒落，无所拘滞的境界。吴与弼是明代中期著名思想家，他的这首诗表现的也是这种充满自然生机，万物自得的生命境界。清贫生活的滋味如秋水般明净平淡，如同春风拂过，平静而自然，带来的是无限春光，是生命的饱满勃发。他的诗属于性理诗，作者特意拈出，因为这种平静安宁之情可以消除凡俗之人的矜气、燥气。人有矜、燥之气，有争夺，求名利，当然不可能达到这种人生境界，多读这种诗有助抚平内心的矜燥之气。

第二〇八则

敌加于己，不得已而应之，谓之应兵，兵应者胜；利人土地①，谓之贪兵，兵贪者败。此魏相论兵语也②。然岂独用兵为然哉？凡人事之成败，皆当作如是观③。

【注释】

①利人土地：贪图占有别人的土地并以之为利。

②魏相论兵：魏相（？—前59），西汉济阴定陶（今属山东）人，字若翁。少学《易》，初为茂陵令，后迁河南太守。宣帝时为丞相，总领众职，与丙吉同心辅政，皆为皇帝所重，封高平侯。据《汉书·魏相丙吉传》记载，汉元康时，匈奴遣兵击汉屯田车师，久攻不下。汉宣帝和后将军赵充国等商议，欲因匈奴衰弱之际出兵击其右地，使匈奴不敢复扰西域。魏相上书阻谏，奏章上有论兵之语："臣闻之，救乱诛暴，谓之义兵，兵义者王；敌加于己，不得已而起者，谓之应兵，兵应者胜；争恨小故，不忍愤怒者，谓之忿兵，兵忿者败；利人土地货宝者，谓之贪兵，兵贪者破；恃国家之大，矜民人之众，

欲见威于敌者，谓之骄兵，兵骄者灭。此五者，非但人事，乃天道也。间者匈奴常有善意，所得汉民辄奉归之，未有犯于边境，虽争屯田车师，不足致意中。今闻诸将军欲兴兵入其地，臣愚不知此兵何名者也。今边郡困乏，父子共犬羊之裘，食草菜之实，常恐不能自存，难以动兵。'军旅之后，必有凶年'，言民以其愁苦之气，伤阴阳之和也。出兵虽胜，犹有后忧，恐灾害之变因此以生，今郡国守相多不实选，风俗尤薄，水旱不时。案今年计，子弟杀父兄，妻杀夫者，凡二百二十二人，臣愚以为此非小变也。今左右不忧此，乃欲发兵报纤介之忿于远夷，殆孔子所谓'吾恐季孙之忧不在颛臾而在萧墙之内'也。愿陛下与平昌侯、乐昌侯、平恩侯及有识者详议乃可。"汉宣帝最后听从了魏相的谏言而停止了攻打匈奴的计划。

③当作如是观：应当用这种观点去看待。

【译文】

敌人来攻击自己，不得已而出兵迎战的，叫做"应兵"，应兵的一方容易获胜；贪图占有别人土地的，叫做"贪兵"，贪兵的一方一定会失败。这是魏相论述兵法所讲过的话。然而，难道只有用兵打仗才是如此吗？但凡人事的成败，都应该用这种观点来看待啊。

【评析】

这一则用了一个历史故事，告诉人们一个道理，不应贪图不属于自己的东西，因为贪者必败。这仍告诫人们要安于本分，不过分贪求，凡通过各种手段取得的不义之物都应在禁止之列。

第二〇九则

凡人世险奇之事，决不可为，或为之而幸获其利，特偶然耳^①，不可视为常然也。可以为常者，必其平淡无奇，如耕田读书之类是也。

【注释】

①特：只，但。

【译文】

凡是世上惊险、离奇的事情，绝对不能做，即便做了并且侥幸获利，那也只是偶然的情况罢了，不能看做常态。可以看作常态的，一定是平淡无奇的，比如耕田、读书之类的事情。

【评析】

由于中庸哲学的影响，中国人在做事方面总是表现出审慎、小心的一面，不敢做或不愿做冒险、离奇的事。这一则就告诫人们不要做险奇之事，因为已经超出常理常情之外，偶然的成功不能说明问题。人们更应该在平常、日常的事物中寻找成功，虽平淡无奇，但成功的可能性要大一些。这种思维方式和生活态度决定中国文化长期处于停滞状态，人们只愿意在日常中寻找满足，不愿冒险做超出常理的事情，没有创新能力，导致社会的停滞。

第二一〇则

忧先于事故能无忧，事至而忧无救于事，此唐史李绛语也^①。其警人之意深矣，可书以揭诸座右^②。

【注释】

①李绛（764—830）：唐代赞皇（今属河北）人，字深之，元和中拜相，历仕宪、穆、敬、文诸朝。为官敢言直谏，无所迁就，以直道为进退。太和初，出为山南、西道节度使，奉旨募兵千人赴四川讨逆，被杨叔元乱军所害。后人辑其生前论谏文字为《李相国论事集》六卷。《旧唐书》《新唐书》有传。

②揭诸座右：题写在座位的右边，作为鼓励和鞭策自己的格言。即作为座右铭。

【译文】

在事情到来之前思虑，随后就可以免于忧患，等到事情来了才担忧，对处理事情没有好处，这是唐代李绛说过的话。这句话警策世人的意味深长，可以写下来作为座右铭了。

【评析】

人不可无忧患意识，但不是事后的悔恨忧虑，而是事前有所思虑，有所准备，这才是有用的。懂得"生于忧患，死于安乐"的道理，还要能够自我控制，不被享乐诱惑；还需要有长远眼光，看到未来的发展或结果，事先有所准备。而事后的忧虑除徒添烦恼之外，于事无补。但前事不忘，后事之师，也不是一点用处都没有，亡羊补牢总比不留下任何痕迹要好得多。

第二一一则

尧、舜大圣①，而生朱、均②。瞽、鲧至愚③，而生舜、禹④。揆以余庆余殃之理，似觉难凭。然尧、舜之圣，初未尝因朱、均而灭。瞽、鲧之愚，亦不能因舜、禹而掩⑤，所以人贵自立也。

【注释】

①尧、舜：二者都是父系氏族社会后期部落联盟的领袖，也是传说中国上古时代的两个贤能君王。尧，名放勋，号陶唐氏，史称唐尧。舜，名重华，号有虞氏，史称虞舜。

②朱、均：分别是尧和舜的儿子。朱，指尧的儿子丹朱，名朱，因受封于丹水故名。均，指舜的儿子商均，封于虞。尧和舜分别知道自己的儿子荒淫傲慢，不够贤能，因而尧禅位于舜，舜禅位于禹。

③瞽（gǔ）：指舜的父亲瞽叟，传说瞽叟曾与其后妻及舜的弟弟象谋害舜。鲧（gǔn）：指禹的父亲，传说因治水无功而被杀。至愚：极其愚笨。

④禹：传说是夏后氏部落的首领，帝颛顼的曾孙，他的父亲名鲧，母亲为有莘氏女修己。姒姓，名文命。相传大禹治黄河水患有功，受舜禅让而继帝位，成为夏的开国之君，后人尊称为大禹，亦称夏禹。禹是传说时代与尧舜齐名的圣贤帝王。

⑤掩：掩盖。

【译文】

尧、舜是上古的大圣人，却生下丹朱和商均这样不肖的儿子。瞽、鲧极其愚笨，却生下舜和禹这样的贤人。用善人留给子孙德泽，恶人留给子孙祸殃的道理，似乎很难说得通。然而尧、舜的圣明，当初没有因为丹朱和商均的不肖而湮灭；瞽、鲧的愚笨，也不能因为舜和禹的贤明而掩盖，所以说人最重要的是要自立自强。

【评析】

《周易》说："积善之家必有余庆，积不善之家必有余殃。"一般从因果关系上解释这种关系，积善和积不善是因，余庆余殃是果。但历史上却有相反的例证，如文中所举，尧、舜是大圣人，但分别生了不肖之子丹朱和商均，而舜和禹的父亲又都是极愚笨之人，这是不合因果关系的。作者于是换了一个角度，从尧、舜没有因不肖儿子而灭，舜、禹也没有被愚笨父亲所掩，是因为他们能够自立，这样便在某种程度上否定了余庆余殃之说。而前面的文字明明是肯定积善余庆之说的，这本不奇怪，因为本书并非严谨的学术论述和系统的思想表达，有时只是为了表达的方便，或换个角度，思想就变了。

第二一二则

程子教人以静①，朱子教人以敬②，静者心不妄动之谓也，敬者心常惺惺之谓也③。又况静能延寿，敬则日强，为学之功在是，养生之道亦在是，静敬之益人大矣哉，学者可不务乎？

【注释】

①程子：指北宋理学家程颐、程颢，世称二程，洛阳人。程颐（1033—1107），字正叔，世称伊川先生；程颢（1032—1085），字伯淳，世称明道先生。兄弟二人俱受教于周敦颐，同为北宋理学的创立者。

②朱子：即南宋理学家朱熹。

③惺惺：清醒，机灵。

【译文】

程子教人要沉静，朱子教人要持敬，沉静指的是心境安宁不乱，持敬指的是心中清醒恭敬。更何况沉静能够延年益寿，持敬让人日日精进，做学问的关键工夫就在这里，养生之道也在于此，沉静、持敬对人的好处这么多，学者怎么能不重视呢？

【评析】

《宋元学案》引程颐之言曰："圣可学乎？曰：可。曰：有要乎？曰：有。请问焉，曰：一为要。一者，无欲也。无欲则静虚动直。静虚则明，明则通；动直则公，公则溥。明通公溥，庶矣乎！"（《圣学》第二十）他还说："慎动即主静也。主静，则动而无动，斯为动而正矣。离几一步，便是邪。"朱子学说主敬，说"敬字工夫，乃圣门第一义。彻头彻尾，不可顷刻间断"。如何是主敬呢？他说："只是内无妄思，外无妄动。"内外都要加以控制，内心没有伪妄不实之思，所谓去人欲而存天理，正是无妄思的功夫。外在的行为要做到严正，如"坐如尸，立如斋，头容直，目容端，足容重，手容重，口容止，气容肃，皆敬之目也"。不论内外都严正不苟，方是主敬。作者将主静学说简化为使人内心平静，不妄动，将主敬学说简化为心常惺惺，惺惺意谓"心不昏昧"，还是比较准确的。但这类思想概念的解释在格言式作品中实在太严肃了，人们也不大弄得懂。所以作者下一句便换一种说法，从功能上解释，说人能主于静则能长寿，人能主于敬则能进步，这就容易懂了。

第二一三则

卜筮以龟筮为重①，故必龟从筮从乃可言吉②。若二者有一不从，或二者俱不从，则宜其有凶无吉矣。乃《洪范》稽疑之篇③，则于龟从筮逆者，仍曰作内吉。于龟筮共违于人者，仍曰用静吉。是知吉凶在人，圣人之垂戒深矣。人诚能作内而不作外，用静而不用作，循分守常④，斯亦安往而不吉哉！

【注释】

①卜筮（shì）：古时占卜，用龟甲称卜，用火灼龟甲取兆，以预测吉凶，后来用其他方法预测未来，也叫做卜；用蓍草占休咎称筮，合称卜筮。

②龟从筮从：龟卜和筮卜都顺从。

③《洪范》稽疑之篇：传说周武王灭商后，箕子曾向其陈述天地之大法，后被传录下来，取名《洪范》，

后来成为《尚书》中的一篇，近人疑为战国时人假托之作。在《洪范》所记录的九种治国大法中，第七种就是稽疑，是关于依赖占筮的决策。汉儒所盛行的"天人感应"说，常以《洪范》为立论根据。

④循分守常：遵循本分，安守常道。

【译文】

占卜时以龟甲占卜的结果为主，因此必须龟卜和筮卜都顺从才能说是吉祥之兆。如果二者有一个不顺从，或都不顺从，就应该说是有凶而无吉了。而《洪范》稽疑这一篇，则把龟卜顺从而筮卜相逆的，仍然称为"作内吉"。把龟卜和筮卜都与人意相违背的，仍称作"用静吉"。由此可知，是吉是凶主要取决于人，圣人的教诲与告诫已经很深刻了。如果人真的能够做到吉凶之事不求取于外物，能够守静而不妄为，安守常道，这样就会无往而不利了。

【评析】

神秘主义信仰在古今中外都有巨大的影响力，面对不可知的世界，或当人们不能知、无力知的时候，求助于占卜是再自然不过的事了。但不可否认，这类行为是在低级思想导引下做出的，没有太多意义。作者在这里用古人的例子、用《尚书》的例子说明圣人对待吉凶占卜的态度，意在告诫人们更重要的不是要借占卜知天命，而是要遵从内在自我，要能守静而不妄为，安守常道，方能得大吉。由于中国人对六经推崇得无以复加，六经的思想和言论有着强大的不可辩驳的力量，所以这里不惮词废，说了一大堆，表述上显得有点复杂，但意思表述还是很清楚的。

第二一四则

每见勤苦之人绝无痨疾①，显达之士多出寒门，此亦盈虚消长之机②，自然之理也。

【注释】

①痨疾：即痨病，结核病。

②盈虚消长：盈满就会走向亏损，消耗尽了就会转为增长，这就是物极必反、此消彼长的道理。

【译文】

常看到辛勤劳苦的人绝对不会得痨病，功名显达的人大多是贫苦出身，这也可以看做是盈则亏、消则长的自然道理。

【评析】

人生都有生老病死，这是生命的自然，但从情感上人总是好生恶死，普遍对长生更有兴趣。过去肺结核是不治之症，又被人称为富贵病，故这里作者以此作比，指出勤奋劳作的人很少得这种病，即意在肯定勤劳之风。另一方面，获得显要地位和名声的人多出于贫寒之家，也是因为寒门士人的勤奋努力。作者试图以这样的大家容易接受和理解的方式告诉人们，勤苦努力是人类社会的基本法则，不论自然、社会的变迁，还是家庭、个人的盈虚消长，最基本道理就是一个字：勤。

第二一五则

欲利己，便是害己；肯下人①，终能上人②。

【注释】

①下人：居于他人之下。

②上人：居于他人之上。

【译文】

想要做对自己有利的事，往往也会害了自己；肯居于他人之下，最终往往能高居人上。

【评析】

本书所讲大多是现实层面的处世之道，这些格言式概括，既有深厚的儒家思想作为言论的基础，也有在对历史、现实的深刻洞察下，基于对人性情伪的认识，因而总体上是合理的。但由于入世较深，因而也不免沾染一些世俗习气。这一则讲肯居人下才能最终居人上，总让人觉得此人太工于心计，太追求现实利益。因为在表面之下似乎存在着这样一个逻辑，即要先居人下，才能终居人上，居人下只是权宜之计。而且文字也没有说明白，是不是为了居人上就可以不择手段呢？对这样的格言要小心。欲利己便是害己也有一层太过度道德严格主义的态度，仿佛人可以生活在空气中，不能有一丝利己之心，其实利己在关乎基本生存时是有其合理性的。严义利之辨是宋明理学的一个突出特征，主张君子不言利。把功利视作完全的不合理，结果只有两种走向，一是真不言利，二是伪不言利，造成虚伪化的人性品质。但这种思想仍有很大合理成分，即强调以仁义作为人的精神支柱和社会的思想核心，才能保证社会和谐安宁，人民生活幸福。

第二一六则

古之克孝者多矣①，独称虞舜为大孝②，盖能为其难也；古之有才者众矣，独称周公为美才③，盖能本于德也。

【注释】

①克孝：能够尽孝道。克，能。

②虞舜为大孝：相传舜的父亲瞽叟在舜的生母死后，另娶后妻而生了象，瞽叟和后妻因独爱小儿子而容不下舜，两人一心想谋害舜，但是舜仍能恪守孝道，友爱自己的弟弟，这是常人很难做到的，因此后世称舜为大孝。

③周公：周公旦。西周初年政治家，姓姬，名旦，又称叔旦。曾辅佐武王伐商，武王死后，成王年幼，周公摄政。平定管叔、蔡叔与武庚的叛乱，并制定礼乐等典章制度，其贤能颇为后世称誉。

【译文】

古代能够尽孝道的人很多，唯独称虞舜是大孝之人，是因为他在尽孝时能做到常人难以做到的事；古代有才能的人很多，唯独称周公旦是美才，是因为他能以自己高尚的品德为根本。

【评析】

在中国文化中，孝是最基本的道德范畴，孝心是人的自然道德心，尽孝道是人的基本道德责任。在中国这个重视孝道的国家里，历史上从来都不乏尽孝的人，但真正的大孝独称舜，为什么呢？因为他能在苦难甚至危苦的情况下仍然不改孝心，能够尽到孝道。这是将尽孝的极端情况都考虑到了作出的评价，对大多数人来说，尽孝不会有如此极端的情况出现。中国人对人的才性、才气、才华十分推崇，但才华、才气并不是一切，历史有很多才德不符之人，或以才子之名行苟且之事，或放纵情欲不守礼法，或以才干之名祸国殃民，所以作者推崇周公之才，还在于他的才是本于德性的，是才德相符的。从根本上看，中国重德甚于重才。

第二一七则

不能缩头者，且休缩头；可以放手者，便须放手。

【译文】

在道义上不能逃避的事，就不要缩头逃避；在理智上应该放手的事，就要放手不想。

【评析】

人的一生会面临种种选择，但总括而言不外乎三类：一类是可为，一类是不可为，一类是必为。前两类有时出于对时势的判断和利害关系的选择，或出手，或不出手，非常小心，这是本书说过很多的道理，但这样也容易变成机会主义者，违背了作为基本信仰的仁爱精神。能够坚守道义，遇不能不出手的事时，就要勇敢地出手，不能做缩头乌龟，这是不计后果、不作安排的"必为"精神。面临选择时，还要学会放手，不是所有的东西都要抓住不放，该放手的就要放手，如钱财、官位这些身外之物；但有些不能放，如信仰和理想。

第二一八则

居易俟命^①，见危授命，言命者，总不外顺受其正^②；木讷近仁^③，巧令鲜仁^④，求仁者，即可知从入之方。

【注释】

①居易俟（sì）命：指处于平易不危的境况以等待效命的时机来临。语出《礼记·中庸》："故君子居易以俟命。"俟，等待。

②顺受其正：顺天理正道而行，接受的便是正命。语出《孟子·尽心上》："莫非命也，顺受其正。是故知命者不立乎岩墙之下。尽其道而死者，正命也；桎梏死者，非正命也。"

③木讷（nè）近仁：质朴不善言辞就接近"仁"了。语出《论语·子路》："刚毅木讷，近仁。"讷，迟钝。

④巧令鲜仁：以动听之言和献媚之态以取悦于人就算不上"仁"了。语出《论语·学而》："巧言令色，鲜矣仁。"

【译文】

君子在平日没有冒险的言行以等待效命的时机，一旦国家有难便奉献自己的生命去挽救，讲命运的人，总不外乎顺应天理正道而行；不善言辞就接近仁德了，而善于说话讨人喜欢的人却往往没有什么仁心，寻求仁德的人，由此可知进入仁道的途径。

【评析】

天命观前面已经谈过，对待天命有两种态度，一种是逆水行舟，一种顺受其正。前者带有对抗性质，有知其不可而为之的精神，后者是顺从，但不是一味顺从，而是顺从其正，当天命合于天理正道时，就顺命而行。看中国历史，总是在危难之机有一大批正人君子临危授命，拯民于水火。而这些人在平日里与常人没有什么不同，他们在等待历史的选择和安排，在恰当的时机出来干大事业。小人的特点是才德不符，才胜德，在现实中往往表现得聪明伶俐，面面俱到，但孔子早就说过"巧言令色，鲜矣仁"，反倒是那些表现得木讷质朴的人才更近于仁。所以要求仁德，就要接近木讷之人，远离小人。为什么呢？作者未明言的是近朱者赤，近墨者黑的问题，既然追求仁德的生命境界，就要远离鲜仁之人，否则沾染上小人习气便无可救药了。

第二一九则

见小利，不能立大功；存私心，不能谋公事。

【译文】

眼中只有小利益，就不能成就大功业；心中存着自私的念头，就不能为公众谋事。

【评析】

这一则很简单，道理前面屡次涉及，但为什么还忍不住要说呢？这仍需要回到儒学对人性的认识上来，儒学主张做人要有坚定的道德信仰，要有宽广胸怀，这样才能不见利忘义，不求小利，才能成大功。大功应指为国为民之功，当然对个体而言，还应包括成就更大事业的意思。人要大公无私，去除私心。这里的私心并非完全否定人的基本欲求，而是指人要有更大的胸怀，在满足基本欲望的同时，追求利国利民的大公。一个人私心太重是不适合从事公共事业的，更不适合做官员，因为在这个过程中他的私心足以损害"公事"，最主要的害处并不在虚浮不出力，敷衍散漫，而在利用公事谋取私利。

第二二〇则
正己为率人之本，守成念创业之艰。

【译文】
先端正自己的行为才能做别人的表率，在事业的守成阶段要念及当初创业的艰辛。

【评析】
中国古代讲教化，现在讲教育、引导，都意在社会治理，希望为社会提供一个良好思想规范，但往往沦于说教，甚至虚伪。为什么呢？道理很简单，古人讲言传，但更重要的是身教，自己都做不到，何以率人？所以这里讲"正己"，这是根本的。本书讲的都是入世格言，作者本人也只是一个普遍的读书人，也只能从道德伦理上论说，不在其位，不谋其政，他从未想如何在制度上保证"正己"，而今天我们则需要思考并制定可行的规范。下句讲守成，人生创业不易，守成更难，因为人在获得太多财富之后，易于放纵，更易忘本，所以作者主张要经常念创业之初的艰难，时刻提醒自己。

第二二一则

在世无过百年，总要作好人、存好心，留个后代榜样；谋生各有恒业，那得管闲事、说闲话，荒我正经工夫。

【译文】

人生在世不过百年，总要做好人、心存善念，给后代做个学习的榜样；谋生养家的人们各自有稳定的事业，哪有精力管无聊的事、说无聊的话，荒废了正经工作。

【评析】

这一则写得很有意思，带有人生总结的味道。虽然人生短暂，但回想起来，做个好人，存好心，才算没有白活。话说得很直白，但很坦荡，这是最基本的也是最难做到的，如果你还有好心的话，走到人生尽头时，回顾一下自己的一生，能做到这一点吗？能成为后人的榜样吗？在现实中，人是要谋生的，各有职业，干好自己的事，不管闲事，不说闲话，不陷于家长里短的是非之中，其实很难做到。前者要求有仁义之心，但要保持平常的心态，不为外物所动。后者则讲要避免陷入琐杂的是非之中，做好自己的事。这是典型的处世哲学，但前者有点道德严格主义的味道，做起来很难，后者则带明显的保守心态，不管别人是非，只顾自己门前。